陪 伴 女 性 终 身 成 长

家 的 扫 除

这样打扫不生病

[日] 松本忠男　著

李中芳　译

江苏凤凰文艺出版社
JIANGSU PHOENIX LITERATURE AND
ART PUBLISHING, LTD

前言

　　健康是我们人生中最宝贵的财富。要想保持健康，必须重视饮食、运动和睡眠。除了这三大关键要素，还有一个很重要的要素，那就是——"扫除"。

　　可能大家会问，"健康"和"扫除"有什么关系呢？

实际上，室内的空气质量与我们的身体健康息息相关。

　　灰尘、细菌和病毒等病原体会飘浮在室内空气中，并渐渐沉积下来。

　　虽然我们非常认真地打扫卫生，但如果扫除的方式不对，室内的病原体反而会到处扩散。并且，这些病原体会通过空气进入人体内，引发各种身体不适。

我们每天打扫卫生，为的就是尽可能清除所有的病原体。

　　而这些微不足道的努力日积月累，正在慢慢改变着我们的健康状况乃至我们的人生。

　　那么，你所采用的扫除方法，是有助于健康，还是有害于健康呢？

目录

PART 3
健康扫除法 Q&A

PART 4
如何养成良好的松本式扫除习惯

普通扫除法

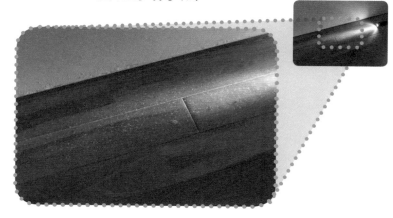

松本式扫除法

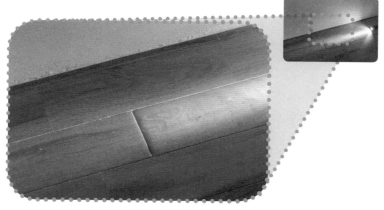

这两者到底有什么不同呢？

质疑习以为常的
扫除习惯

我们每天打扫卫生，竟然有可能会损害健康？看到这句

话，肯定有不少读者会大吃一惊。接下来，我们就先来

探讨一下打扫卫生的过程中可能存在的问题。

扬起灰尘的扫除习惯

　　"先把教室的窗户打开，将课桌和椅子全部搬到墙角。" "用扫帚扫完地板后，再用湿抹布将地板擦干净。" 这些扫除方法几乎是所有学校的学生在打扫卫生时所遵循的准则。

　　从小学一年级开始，老师便教导我们要照着以上准则来打扫卫生。我们也从未质疑过这些准则正确与否。然而，按照错误的准则打扫卫生，非但不能达到清洁的效果，反而会使灰尘飞扬，使地板上的病原体扩散开来。同时，感染病菌的风险也会大大提高。

这些无知的扫除经验反而会使灰尘到处扩散，甚至引发疾病。

认为年底大扫除是清除污垢和霉运的关键时刻

　　每到年底，我们都要进行大扫除，否则就心乱如麻，总感觉这个年过得不舒坦。这种传统习俗仿佛已经深深地植根于我们每个人的心底。但是，即使大扫除那天把室内室外打扫得干干净净，但除此之外的 364 天如果忽视住宅的卫生状况的话，仍旧无法保证我们的健康。

　　每到年底，日本的寺庙都会举行传统的清扫仪式。这种仪式是僧人修行的一部分，庄重肃穆，让人印象深刻。而对于普通家庭而言，平日里的勤快打扫更为重要。

为了保证健康，比起一年一次的大扫除，
平日里的勤快打扫更重要。

认为灰尘的存在可以增强人体的抵抗力

　　有灰尘的地方最容易成为细菌、霉菌和螨虫滋生的场所。这些病原体会在灰尘中迅速繁殖。曾有人说，"灰尘的存在可以增强人体的抵抗力"，但实际上灰尘却是滋生病菌的温床。特别是对于免疫力较低的婴儿、需要看护的老人以及身体抱恙的人而言，灰尘甚至会引发疾病，威胁他们的生命安全。

　　但是，让所有病菌都无处藏身的无菌环境也并不是理想的生活状态。最理想的莫过于与少量细菌共存却能保持健康的环境。创造这样的生活环境，正是扫除最原本的目的。

灰尘无法增强人体的抵抗力，反而会提高患病的可能。

🏠 陈旧扫除经验的弊端

在前言里我已经讲过，一些我们习以为常的扫除习惯，实际上对健康有很大的负面影响。在探讨如何扫除会更有益健康之前，我们首先要明白一个大前提。那就是，从古至今，时代在变化，我们的居住环境也已发生翻天覆地的变化。

以前，很多住宅都是木质结构的，遍布孔隙。住宅里的空气流动畅通无阻，通透性很好。

而现在，无论是公寓还是别墅，住宅的气密性都很好，这就阻隔了室内外空气的流通。而且随着空调的普及，室内终年都保持着适宜的温度。

从表面上看，这些都是现代住宅的优势所在。但正因为现代住宅本身气密性都很好，同时也伴随着透气性较差的问题。这样，我们室内一年四季的湿度和温度都很高。因此，现代住宅反而成为滋生霉菌和螨虫的温床。

以前，我们将泡过的茶叶渣①撒在凉席上，再用抹布擦拭，可能行得通。但在现代居住环境下，如果仍使用以前的陈旧扫除方式的话，就反而会为霉菌和螨虫提供养分。也就是说，那些以往行之有效的扫除经验，在当今未必还有用武之地。

注：①茶叶渣可以吸附灰尘。

从唯心主义扫除经验中解放出来

说到扫除，很多人觉得扫除可以净化心灵。早晨起床后打扫一下卫生，美好的一天就随之开始了。

扫除对心灵的这种净化效果，可以极大地提高我们打扫卫生的积极性，这固然是好事。

然而，如果我们仅仅满足于扫除这件事本身，反而忽略了去除病原体等扫除最根本的目的，那问题就严重了。

就拿清洁马桶来说，日本曾经盛行一种修养身心的观点，人们认为不用任何工具徒手清洁马桶，可以磨炼耐力和意志力。

但从卫生角度讲，徒手清洁马桶，如果手受伤，就很可能导致感染，危险性极高。即便没有受伤，清洁马桶后，手指缝里可能会残留一些简单清洗无法清除的细菌或病毒。这些细菌或病毒会通过人的活动进而可能扩散到整个住宅。

我们很容易从精神层面来认知扫除这个行为。但为了健康着想，就一定要摒弃这种唯心主义的观念，科学地理解扫除。

理性扫除不可或缺

接下来，我们从化学和物理两个角度分析一下扫除。

在扫除过程中，我们常常使用洗涤剂，是因为洗涤剂中的化学物质通过化学反应能够去除污渍，之后我们再用物理概念上的力将污渍擦掉。

灰尘在气流、引力、静电、湿度等物理条件的影响下，在空气中飘浮，或在某些地方沉积下来。因此我们要重点打扫这些容易积灰的地方。

此前三十多年，我一直为龟田综合医院等医疗机构提供环境卫生指导服务。我每次去现场，首先要做的就是确认病房里空调和换气扇的位置，由此来掌握风和灰尘的流向。

同时，我还要从患者和医护人员的角度来思考，推断出容易积灰或滋生霉菌的地方。这样一来，我就会对需要重点打扫的地方了如指掌，既能确保高效扫除，又能保证清洁度。

这个方法同样适用于家庭的扫除。

正如我在前言中提到的一样，室内的空气质量与我们的身体健康息息相关。

空气良好，我们的健康状况自然就会变好。反之亦然。

这种基于科学常识的思维方式，可以让我们养成有益健康的良好的扫除习惯。

病原灰尘的危害

本书主要为大家介绍的是以预防疾病为目的的扫除方法，而清扫灰尘是预防疾病的重中之重。

我们一般将灰尘分为两种。第一种是病原体浓度较低的新产生的无害灰尘。这种灰尘刚刚从空气中飘落到房间里，所含病原体浓度较低，因此基本认为无害于人体健康。第二种是病原体浓度较高的病原灰尘。

需要我们引起注意的是第二种灰尘。这种灰尘随着人或物体移动产生的气流飘落到房间角落并沉积下来。随着病原体不断繁殖，形成所谓的"病原灰尘"。也就是说，这些房间角落的灰尘，极易成为自然界中一些霉菌和病毒的养分或栖身之处。霉菌和病毒在这些灰尘中爆发性地大量繁殖并积聚，很容易形成病原体浓度很高的"病原灰尘"。吸入这些病原灰尘后，免疫力低下的人群首当其冲，罹患咳嗽或肺炎等呼吸系统疾病的风险会大大提高。

如果某天你莫名其妙地感觉身体不舒服，也许病原灰尘就是元凶。

灰尘的种类

病原灰尘

· 在房间角落长期沉积
· 细菌、霉菌、螨虫等大量繁殖
· 病原体浓度高
· 引发呼吸系统疾病（肺炎或哮喘）

无害灰尘

· 刚刚从空气中飘落到房间
· 主要成分为纤维或棉絮
· 病原体浓度较低
· 不易引发疾病

陈旧的扫除经验将学校和护理机构等置于感染的高风险中

很多学校在安排学生打扫卫生时，会让学生先将所有的课桌和椅子全部搬到墙角，然后再用扫帚打扫地板。这种扫除方法会让大量病原灰尘飞扬，学生们很容易吸入这些病原灰尘。这与"预防疾病"这一扫除的根本目的相左。

在日本，《学校保健安全法》规定，各个学校有义务保持学校的环境卫生。并且，该安全法的"学校环境卫生管理守则"中规定，所谓清洁，是指该处没有微生物和化学物质所造成的污染，同时没有垃圾等无用之物的存在。然而，在实际的打扫过程中，这些要点都被我们忽视了。这种矛盾产生的根本原因，是我们谁都不清楚到底什么才是正确的扫除方法，也从来没有人教过我们。

而令人遗憾的是，在免疫力低下的老年人聚集的护理机构，也存在和学校同样的扫除问题。

学校里的孩子们没有学到正确的扫除方法，健康容易受到损害。将来当他们中的一些人步入护理行业时，难道就会用正确的方法打扫卫生吗？答案是否定的。如果我们无法切断这种负面的连锁反应，学校和护理机构终将继续处于感染的高风险中。

不紧不慢、勤快地打扫卫生最重要

　　如果扫除的方法不正确，由此沉积的病原灰尘会攻击人的呼吸系统并使人患病。而且，厨房、洗手间等用水区域滋生的细菌和病毒如果清除不干净，任其繁殖，则有可能引发消化系统的疾病。

　　松本式扫除法可以预防疾病，它的目的是定期清除住宅中滋生的病原体，使其大量减少，让我们远离疾病的侵扰。

　　不过，也并不是说房屋中的所有菌种越少越好。如果我们苛求完美，将无病原性的菌种一并去除的话，反而会削弱我们的抵抗力。

　　因此，我们要不紧不慢地、勤快地打扫卫生，去除有害菌，避免它们在房屋中沉积。这一点至关重要。

预防疾病的扫除法

生病 ← 繁殖 ← 病原体（·细菌 ·病毒 ·霉菌 ·螨虫等）→ 减少 → 健康

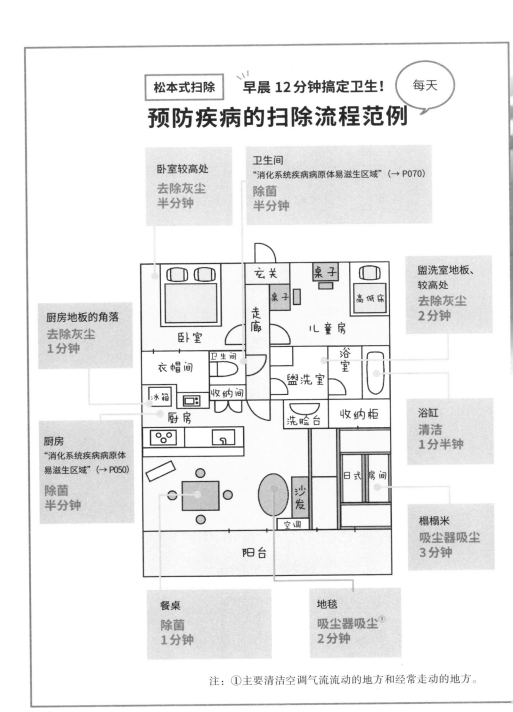

松本式扫除　早晨 12 分钟搞定卫生!　每天

预防疾病的扫除流程范例

卧室较高处
去除灰尘
半分钟

卫生间
"消化系统疾病病原体易滋生区域"(→ P070)
除菌
半分钟

盥洗室地板、
较高处
去除灰尘
2分钟

厨房地板的角落
去除灰尘
1分钟

厨房
"消化系统疾病病原体
易滋生区域"(→ P050)
除菌
半分钟

浴缸
清洁
1分半钟

榻榻米
吸尘器吸尘
3分钟

餐桌
除菌
1分钟

地毯
吸尘器吸尘①
2分钟

玄关　桌子　走廊　卧室　儿童房　高低床　衣帽间　卫生间　收纳间　浴室　盥洗室　冰箱　厨房　洗脸台　收纳柜　日式房间　沙发　空调　阳台

注：①主要清洁空调气流流动的地方和经常走动的地方。

松本式扫除　有害灰尘一扫而尽!

一周扫除流程范例

星期一到
星期日

星期一	盥洗室、走廊、楼梯角落、厨房地板

星期二	卫生间"消化系统疾病病原体易滋生区域"、客厅地板

星期三	盥洗室、地毯(简单清扫)、 浴室"消化系统疾病病原体易滋生区域"(除菌)

星期四	卫生间"消化系统疾病病原体易滋生区域"(除菌)、走廊、楼梯角落

星期五	盥洗室、厨房地板

星期六	卫生间"消化系统疾病病原体易滋生区域"(除菌)、 地板、电视机周围、晒被子

星期日	衣帽间、卧室之外的房间的较高处、地毯(简单清扫)、 浴室"消化系统疾病病原体易滋生区域"(除菌)

●平时肉眼可见的污渍以及比较在意的污渍可以随时打扫。
●每三个月清除一次房间墙壁上的灰尘。

※ 本书中所列举的扫除流程以及扫除频率，是按照夫妻二人和两个孩子组成的四口之家制定的，房间格局为三居室。大家可以根据家庭成员数量、房间格局以及个人日程安排等情况进行相应调整。原则就是要保持住宅整体的干净整洁。

PART

2

分区域的健康扫除法

在这一章，我将具体介绍房间每个区域的扫除重点以及以预防疾病为目的的健康扫除法。在此之前，会先向大家介绍一些基本的扫除工具和洗涤剂等。

※ 特别说明，本章中基本洗涤剂图标上的名称均为简称：

1. "弱碱性"为弱碱性洗涤剂；
2. "酸性"为酸性洗涤剂；
3. "中性"为中性洗涤剂
4. "螯合剂"为含螯合剂的中性洗涤剂；
5. "去霉菌"为霉菌清洁剂；
6. "酒精"为医用酒精；
7. "漂"为厨房用漂白剂。

基本扫除工具

在这一节中，我将介绍一些可以轻松将病原灰尘彻底清除的扫除工具。这些工具可以在超市或电商平台购买，建议大家准备齐全，以备不时之需。

彻底清除病原灰尘！

制作方法

用剪刀将刮水器的橡胶部分，每隔 5mm 剪一刀，剪成锯齿状。这样可以防止灰尘飞扬，彻底清除灰尘。

防止灰尘飞扬！

制作方法

将塑料瓶侧面剪出约 5cm 宽的缺口，然后装入化纤掸子。打扫卫生时，将化纤掸子掸过灰尘的部分转到塑料瓶内侧。这样可以有效防止掸子上的灰尘四处飞扬。

刮水器

将刮水器简单改造一下，迅速变身清除灰尘的神器！

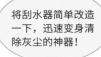

化纤掸子

化纤掸子与塑料瓶配合使用，可以防止灰尘飞扬。

制作方法

彻底清除霉菌、螨虫！

松本式除菌棒

特别适合大面积除菌以及清除用手难以触及的角落或高处。

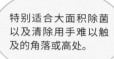

用毛巾裹住伸缩杆，然后包裹一层塑料袋，最后在外侧包一层厨房纸。在除菌棒的外侧浸入消毒用的酒精，房间较高处的除菌也能轻松搞定。

制作方法

凹凸面的灰尘也能轻松搞定！

松本式黏性滚刷

轻松黏住轻飘飘的灰尘，防止灰尘上扬。

在加入硼酸的一小勺洗涤剂（5ml）中，倒入一撮小苏打和一大勺洗衣液（15ml），用研钵搅拌。将调好的糊状物涂抹在买来的油漆滚刷上使用，能够轻松除尘。使用后将滚刷浸泡在柠檬酸水中去除糊状物。未用完的糊状物可密封保存。

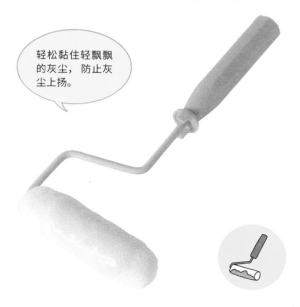

杆式吸尘器

这种吸尘器吸尘时不易扬起灰尘。

使用排气口位于离地板较高处的杆式或无绳吸尘器，可以在吸尘时有效减少灰尘飞扬。

静电除尘拖把

使用干的静电纸而不是湿的。

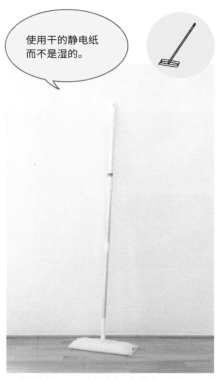

干的静电纸可以将地板上的干污渍和湿污渍一并清除，不会使污渍扩散。

超纤抹布

可彻底清除细小灰尘。

这种抹布采用超细纤维，可彻底清除细小的病原灰尘。

马桶刷

在马桶刷上包裹塑料袋，使用起来更卫生。

马桶刷清洗起来比较费力，因此可以在马桶刷上包裹塑料袋。用完将塑料袋翻过来扔掉，省时省力。

白色棉手套

轻松清洁窗户周围。

白色棉手套可浸渍洗涤剂，也可直接使用。戴上手套后，可用手指清洁狭窄缝隙。

卫生间除菌纸

可用于卫生间除菌，方便实用。

只用除菌纸便可轻松清洁马桶。使用后可冲进马桶，非常卫生。

○ 其他扫除工具 ○

牙刷

海绵擦

喷壶

含研磨剂的海绵擦

保鲜膜

厨房纸

基本洗涤剂

充分了解每种洗涤剂的特征，才能使用合适的洗涤剂有效清除污渍和病原体。关键在于按照洗涤剂的成分，而非商品名进行选择。

弱碱性洗涤剂

用于清洁窗框。

窗户周围分布不少由废气凝结而成的污渍，建议使用弱碱性洗涤剂。

酸性洗涤剂

用于清洁水垢、肥皂印以及卫生间的黄斑等。

建议使用酸碱度为3的酸性洗涤剂。可轻松去除卫生间的顽固黄斑。

含螯合剂的中性洗涤剂

用于清洁用水区域。

建议清洁浴室、卫生间和洗脸池时使用。

厨房用中性洗涤剂

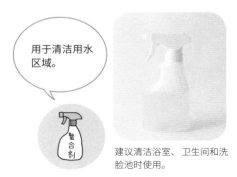

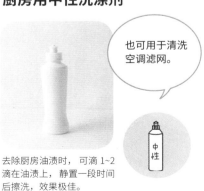

也可用于清洗空调滤网。

去除厨房油渍时，可滴1~2滴在油渍上，静置一段时间后擦洗，效果极佳。

柠檬酸

用于清洁厨房周围。

最适合去除厨房的水垢和白色的钙化污垢。

小苏打

用热水溶化后使用，洁净效果更佳。

小苏打呈碱性，最适合去除油污和皮脂污垢。也具有消毒效果。

泡沫状霉菌清洁剂能充分接触并溶解霉菌，非常方便。

霉菌清洁剂

这种清洁剂的泡沫可以紧紧附在霉菌上，从而充分分解霉菌，并起到杀菌效果。

厨房用漂白剂

去除诺如病毒以及霉菌效果极佳。

这种漂白剂可用来给洗碗布除菌，也常用于诺如病毒高发期的卫生间消毒。

医用酒精

喷壶状医用酒精很受欢迎。

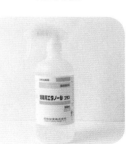

建议使用纯度为 75% 左右的医用酒精。纯度为 99.5% 以上的无水乙醇或低纯度的酒精不适合清洁住宅。

潜藏在家中的病原体

我们的房屋中潜藏着各种各样的病原体。这一节中主要介绍会引发呼吸系统疾病和消化系统疾病的病原体。

哮喘、肺炎或咽炎

引发呼吸系统疾病的病原体

以下病原体容易引发呼吸系统的疾病。进入口鼻的病原体，必须经过咽喉才能侵入人体。因此，咽喉最易受病原体攻击，人感觉身体不适时，咽喉也会最早出现症状。

螨虫

螨虫容易在气温 20℃以上、湿度 60% 以上的环境中繁殖。其粪便和尸骸容易引发人体的过敏反应。

霉菌

霉菌容易在气温 20℃以上、湿度 80% 以上的环境中滋生。容易引发肺炎和哮喘等疾病。

流感病毒

流感病毒于每年 11 月下旬到次年 3 月下旬流行，2、3 月是感染的高峰期。除通过飞沫传播外，有时也可通过接触传播。

PM2.5

PM2.5 是指浮游于空气中的直径小于 2.5μm 的微粒子。它是引发哮喘、支气管炎、肺癌和心律不齐的一大原因。

花粉

由花粉引起的过敏症被称为花粉症。主要症状是流鼻涕、鼻塞、打喷嚏等。

呕吐、腹痛或腹泻

引发消化系统疾病的病原体

以下病原体主要容易引发消化系统的不适。在细菌中有一种常居菌，人体免疫力较高时无害，免疫力低下时便会引发各种感染症状。

金黄色葡萄球菌

这种细菌的潜伏期为 30 分钟到 6 小时。细菌产生的毒素会引发恶心、呕吐、腹痛等症状。

大肠杆菌

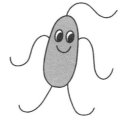

具有病原性的"致病性大肠杆菌"，会引发腹痛、腹泻、发热和呕吐等症状。

绿脓杆菌

这种细菌容易滋生于用水区域，老年人和术后恢复期的病人容易受到感染，抗药性强。

诺如病毒

这种病毒容易引发呕吐、腹泻等急性肠胃炎。于秋季到次年春季流行，11 月到次年 3 月是感染的高峰期。经接触或飞沫传染。

蟑螂

蟑螂身上附着很多毒性很强的细菌。其粪便和尸骸容易引发人体的过敏反应。

Living Room
客厅

客厅是接待客人、家人朋友聚集活动的场所，携带入室的病原体和污渍自然也是最多的。而我们在客厅逗留的时间也比较长，因此要去除疾病之源，营造一个舒适、健康的客厅环境。

地板

POINT
1
由于人的活动和空调气流的
作用，灰尘沉积在客厅角落

POINT
2
食物残渣和脚底污渍容易
使细菌繁殖

工具

洗涤剂

勤快地打扫卫生，可以有效防止病原灰尘沉积

　　房屋墙角和家具间沉积的灰尘如果放任不管，灰尘不仅会粘在皮肤或头发上，还会沉积在窗帘和地毯上，成为细菌、螨虫和蟑螂的养料，继而演变成危害人体健康的病原灰尘。这些病原灰尘中还会混有花粉或 PM2.5。

　　扫除的要诀在于使用夹了干的吸尘纸的静电除尘拖把。这样在清除灰尘时能尽量避免扬起灰尘。有很多人习惯在清扫地

快速

每周两次

空气中的灰尘落到地板上后，按照从房间中间到角落的顺序，顺着墙壁和家具用拖把清扫灰尘。

推拖把

不要朝着墙壁

不要用力前后摩擦地板。朝着墙壁或者物体的方向用力推动拖把只会扬起灰尘。

静置 3 分钟

适时

在 80℃的热水中加入一大勺小苏打，制成小苏打水。待冷却后，将小苏打水直接喷洒在地板上，静置 3 分钟后擦洗。

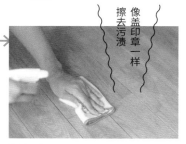

像盖印章一样

擦去污渍

像盖印章一样用超纤抹布在地板上擦去污渍。注意不要让污渍扩散。

用湿抹布擦洗只会使污渍扩散，所以务必使用干抹布。

板时用拖把来回擦地。这其实是非常错误的做法。因为在停止拖动拖把的一瞬间，大量肉眼看不到的灰尘就会像喷泉般飞扬到空中。

正确操作方法是：使用静电除尘拖把时，要让拖把尽量远离我们的身体。将干纸巾紧紧贴住地板，然后静静地、慢慢地向前滑动。注意不要用力过猛。

并且，混有皮脂的脚底污渍容易使细菌大量繁殖。应该把小苏打水喷洒在地板上，然后像盖印章一样用超纤抹布擦去地板上的污渍。

地毯

地毯和地垫的纤维底部，是霉菌和螨虫最喜欢的聚居之地

重要的是如何清除纤维中的灰尘，而不扬起灰尘

从地毯底部将灰尘彻底清除

工具

洗涤剂

　　地毯最容易沉积大量灰尘，螨虫会以灰尘为养料迅速繁殖。潜藏在地毯里的问题远不止这些。空调冷气吹拂的地方和窗边，其纤维中容易积存大量湿气，进而导致地毯中容易滋生霉菌。

　　地毯中积存的病原灰尘中含有大量螨虫和霉菌。要解决这一棘手问题，建议大家每三个月进行一次"强力除尘"。

　　首先，将吸尘器设定为"强档模式"，然后以1分钟20cm

POINT 1

只能粘住地毯表层的垃圾

滚筒粘毛器和粘毛贴只能去除地毯表层较大的垃圾。清除细小灰尘，必须用吸尘器。

地毯上的异味和污渍，可用小苏打水清洁。

POINT 2

使用强档模式缓缓移动吸尘器

三个月一次

将吸尘器调至 1 分钟 20cm 的强档模式。注意除尘时不要将吸尘器紧紧压在地毯上。日常简单吸尘时，不要快速地移动吸尘器，也不要紧紧按压地毯，而是要保持缓慢推进的状态。

的除尘速度缓慢前行。注意除尘时不要将吸尘器紧紧压在地毯上。只有这样，纤维底部沉积的病原灰尘才能被彻底清除。

　　如果每三个月进行一次"强力除尘"，那平时只要对地毯进行简单的清洁即可。为防止灰尘飞扬，日常吸尘时不要用力地推动吸尘器。

窗户周围

POINT
1 窗帘滑轨上容易沉积花粉和 PM2.5

POINT
2

窗外进来的霉菌孢子
容易附着在纱窗上

POINT
3 卡槽里沉积雨水，
容易滋生黑色霉菌

工具

洗涤剂

阻隔从室外入侵的"咽喉痛病原体"

春天来临时，从室外飘进来的花粉和 PM2.5，粒子细小轻盈，容易聚集在窗帘滑轨等室内较高处。

同样，聚集在窗帘滑轨上面的灰尘干燥而轻盈。如果置之不理，在人和物体运动时产生的气流的影响下，灰尘与花粉和 PM2.5 一同重新在空气中飞扬。人若吸入这些病原灰尘，患花粉症或肺炎的风险会大大提高。

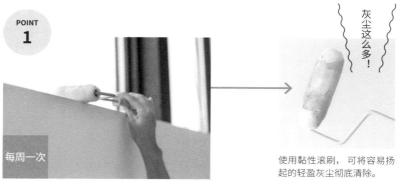

每周一次

窗帘滑轨等狭窄空间的灰尘，建议使用黏性滚刷清除。

灰尘这么多！

使用黏性滚刷，可将容易扬起的轻盈灰尘彻底清除。

滚刷在纱窗上轻快地滚动

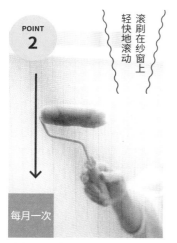

每月一次

从上到下顺着一个方向缓慢地滑动滚刷。

用手轻松清洁卡槽

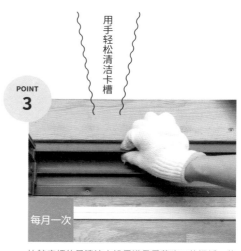

每月一次

比较麻烦的是清洁卡槽里满是霉菌孢子的泥垢。使用手套可以轻松清洁这些狭小的空间。

　　黏性滚刷的弹性和黏性较好，最适合清洁这些混杂着花粉和 PM2.5 的灰尘，而不必担心灰尘飞扬。

　　此外，不少人误认为霉菌是在室内滋生的。但实际上它最初产生于土壤之中。霉菌孢子会随风进入室内，因此纱窗和卡槽的清洁也相当重要。

　　清洁纱窗的污垢时，要从上到下顺着一个方向缓慢地滑动滚刷。清洁窗户卡槽时，可戴上白色棉手套用手擦掉污垢。如果污垢难以清除，就在手套上涂一些弱碱性洗涤剂再擦洗，效果更佳。

家电周围

POINT 1
空调滤网容易滋生霉菌

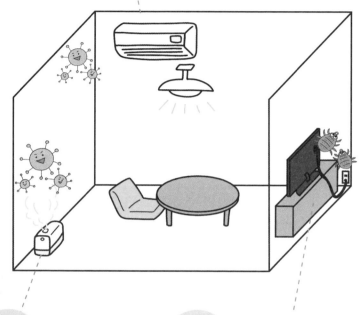

工具

POINT 2
加湿器的水箱容易
繁殖细菌和霉菌

POINT 3
电视机和音响周围容
易沉积含螨虫的灰尘

让家电周围繁殖的病原体无处遁形

洗涤剂

　　我们使用空调制冷时，很难避免霉菌的产生。空调制冷时，
滤网冷却后空气中的水分变成水滴附着在上面。时间一长，滤
网上便会滋生霉菌。可以用厨房用中性洗涤剂清洗滤网，待滤
网干燥后再装回空调。

　　容易积存湿气的加湿器和带有加湿器功能的空气净化器，
这两者的水箱中也容易滋生黑色霉菌和细菌，从而使水箱壁上

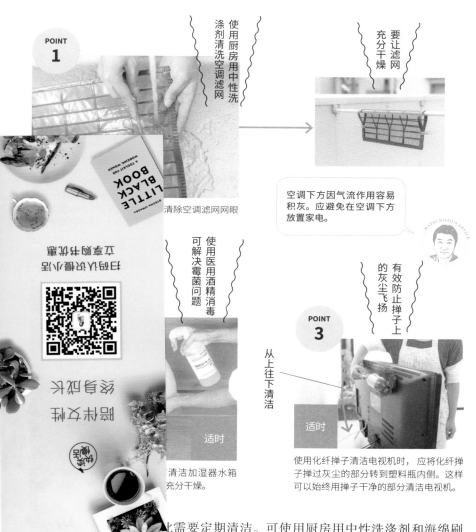

POINT 1

使用厨房用中性洗涤剂清洗空调滤网

要让滤网充分干燥

清除空调滤网网眼

空调下方因气流作用容易积灰。应避免在空调下方放置家电。

使用医用酒精消毒可解决霉菌问题

清洁加湿器水箱充分干燥。

适时

从上往下清洁

POINT 3

有效防止掸子上的灰尘飞扬

适时

使用化纤掸子清洁电视机时，应将化纤掸子掸过灰尘的部分转到塑料瓶内侧。这样可以始终用掸子干净的部分清洁电视机。

化需要定期清洁。可使用厨房用中性洗涤剂和海绵刷清洁水箱，再在水箱上喷洒医用酒精，待其充分干燥即可再次使用。

电视机等电器产品上容易积灰，尤其是各种导线密集的后盖周围，更容易沉积含螨虫的灰尘。应定期使用化纤掸子掸去灰尘，同时还要防止灰尘飞扬。

此外，在打扫卫生时照明灯具的灯罩极易被我们遗忘。清洁灯罩的灰尘时，可使用能嵌入灯罩曲面的滚筒刷，非常实用。

Bedroom

卧室

卧室中的棉被和衣物等容易产生大量的棉质灰尘，可以说卧室是住宅内灰尘最多的房间。适当地清洁卧室可以去除大部分病原灰尘，为我们营造一个舒适的睡眠环境。

床周围

POINT 1 流感病毒、花粉和 PM2.5 与灰尘混杂在卧室的较高处

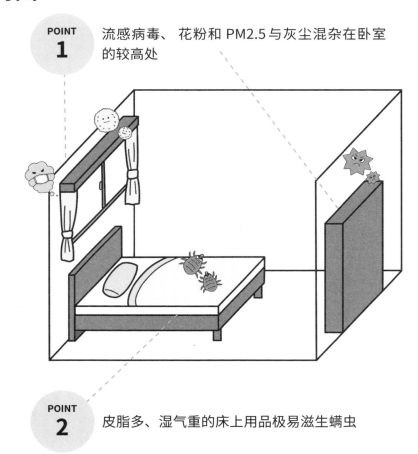

POINT 2 皮脂多、湿气重的床上用品极易滋生螨虫

彻底清除"可引起流感的灰尘"和"引起过敏性哮喘的螨虫"

工具

床周围易聚集流感病毒、花粉、PM2.5 和螨虫等病原体，我们要格外注意。

卧室较高处沉积的灰尘中含有粒子较轻盈的流感病毒、花粉和 PM2.5 等病原体。可以用化纤掸子慢慢掸去灰尘，同时还要防止这些灰尘扩散到空气中。

从高处到低处打扫，以提高清洁效率。

沿着一个方向慢慢地移动化纤掸子，以防扬起灰尘。

细小而轻盈的病原灰尘容易聚集在房间的较高处。

收回晒过的被子前，先使用调至强档模式的手动吸尘器去除棉被表面的灰尘。

在枕头上方、枕头下方和被子经常靠近脸部的地方，铺三块不易起毛的化纤浴巾。

  其次，应每周晒一次被子，去除其中的湿气。这样可以抑制螨虫滋生。晒棉被时切忌用力地拍打棉被，以免对被子纤维造成损害。而且螨虫的粪便会飞扬起来，过敏原的量也会比原来增加两三成。晒被子反而会起反效果。晒被子时应用手动吸尘器去除被子表面的灰尘，或者用手轻轻拍去被子表面的灰尘。

  另外，为预防螨虫过敏性哮喘或流感，要勤换床单被罩。或者可以将浴巾罩在床单被套表面，每日更换，简单又卫生。

榻榻米

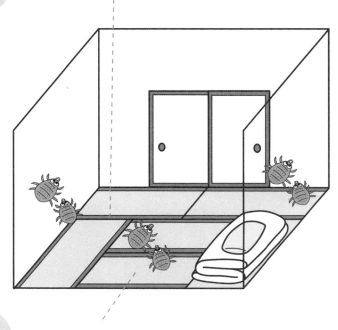

POINT 1 阴暗潮湿的榻榻米背面和缝隙里易滋生大量螨虫

POINT 2 一般的清扫无法清除螨虫

工具

双重清洁榻榻米，远离螨虫过敏性哮喘

大多数螨虫有背光性，即躲避光线的习性。因此，榻榻米背面和缝隙里便成为螨虫理想的栖身之所。

螨虫自身对人体健康的危害，远比不上螨虫粪便的危害。

洗涤剂

螨虫的粪便直径只有 0.01~0.04mm，容易在空中飞扬，是引发支气管哮喘的一大原因。而且，这些粪便吸收湿气等大量的水分后再次干燥，就会碎成更细小的微粒飘浮在空气中，更

POINT 1

顺着榻榻米的纹路吸尘

每天

将吸尘器调至普通模式，顺着榻榻米的纹路慢慢地移动吸尘器，可以吸入螨虫和灰尘而不损伤榻榻米。

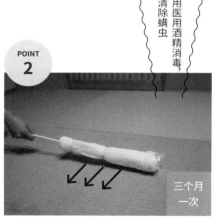

POINT 2

用医用酒精消毒，清除螨虫

三个月一次

用吸尘器吸尘后，再用喷有医用酒精的除菌棒，顺着榻榻米的纹路慢慢擦拭。

如果是六张榻榻米大小的日式房间，请按下图箭头所示使用吸尘器吸尘。

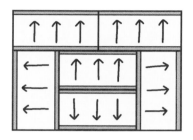

榻榻米消毒的要诀在于，不要来回擦拭，而要顺着榻榻米的纹路朝着一个方向擦拭。

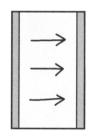

易被人体吸入。

　　过去，人们一般在螨虫不产卵的幼虫期（梅雨季）驱除螨虫，螨虫数量减少了，螨虫的粪便量自然也会大量减少。但是，近年来随着加湿器的普及，室内终年保持一定的湿度，无论哪个季节均易滋生螨虫。

　　因此，要想清除螨虫，除了日常的清洁外，还应定期除螨。建议每三个月一次，用吸尘器除螨后再消毒，让我们远离螨虫过敏性哮喘的侵扰。

Kitchen

厨房

厨房是很容易感染病原体的地方。所谓病从口入，我们一定要非常重视厨房卫生。只要抓住以下扫除要诀，我们就能一举击退"引发消化系统疾病的病原体"。

换气扇·墙壁·地板

POINT 1 换气扇上附着的油和灰尘里容易滋生大量细菌

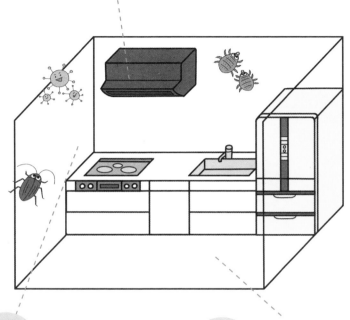

POINT 2 燃气灶边喷溅的油渍容易成为蟑螂的食物

POINT 3 厨房地板上的积灰容易滋生各种病原体

清除多重污渍，预防食物中毒

　　厨房的换气扇和燃气灶周围的墙壁和地板上，油渍和灰尘混合成油腻的多重污渍。这些污渍容易成为蟑螂等"消化系统疾病病原体"的食物。果断清除这些污渍，是避免"病从口入"的第一步。

　　首先，要将换气扇放入包裹着两层大塑料袋的水桶中。然后在桶中加入混合好的小苏打水（1L热水兑3~4大勺小苏打）、

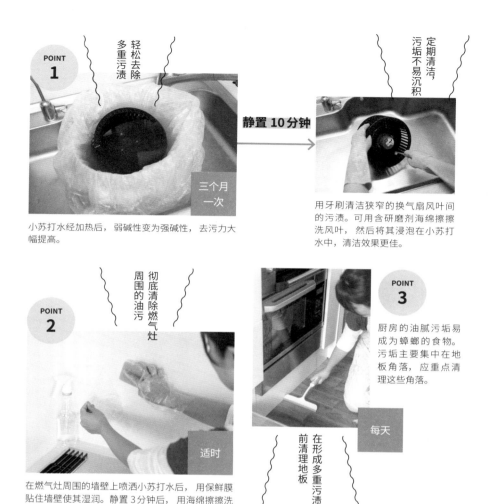

轻松去除多重污渍

定期清洁，污垢不易沉积

静置 10 分钟

三个月一次

小苏打水经加热后，弱碱性变为强碱性，去污力大幅提高。

用牙刷清洁狭窄的换气扇风叶间的污渍。可用含研磨剂海绵擦擦洗风叶，然后将其浸泡在小苏打水中，清洁效果更佳。

彻底清除燃气灶周围的油污

POINT **2**

POINT **3**

厨房的油腻污垢易成为蟑螂的食物。污垢主要集中在地板角落，应重点清理这些角落。

适时

每天

在形成多重污渍前清理地板

在燃气灶周围的墙壁上喷洒小苏打水后，用保鲜膜贴住墙壁使其湿润。静置 3 分钟后，用海绵擦擦洗并用干抹布擦干。

厨房用中性洗涤剂（1~2 滴），静置 10 分钟，然后用牙刷刷洗。

在燃气灶周围喷洒小苏打水后，用保鲜膜贴住使其湿润。静置 3 分钟后，用海绵擦擦洗并用超纤抹布擦干。

清洗换气扇外罩的油污时，喷洒小苏打水静置 3 分钟后，用一次性筷子尖轻擦便可去除。

最后，每日用刮水器清洁厨房地板的灰尘，这是预防蟑螂繁殖最重要的一环。

水槽周围

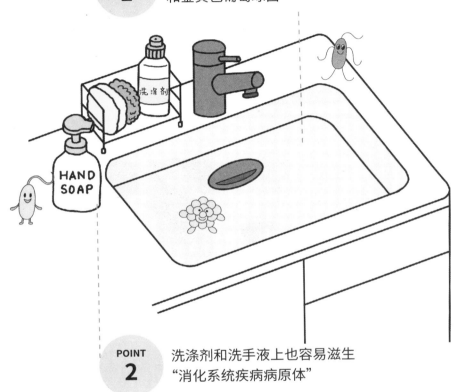

POINT **1** 水垢中容易滋生绿脓杆菌、大肠杆菌和金黄色葡萄球菌

POINT **2** 洗涤剂和洗手液上也容易滋生"消化系统疾病病原体"

使用柠檬酸轻松清除水槽中的"消化系统疾病病原体"

工具

洗涤剂

　　不锈钢水槽中，容易附着水垢和自来水中所含的钙形成的白色钙化污垢。

　　特别需要引起注意的是水垢中容易滋生绿脓杆菌、大肠杆菌和金黄色葡萄球菌等"消化系统疾病病原体"。若置之不理，危害性很大。如果接触过这些污垢后没洗手就去做饭，最后引起食物中毒的风险会大大提高。

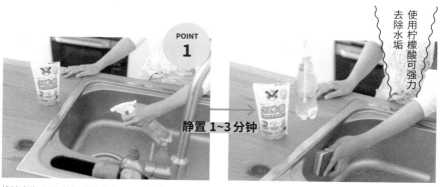

使用柠檬酸可强力去除水垢

POINT 1

静置 1~3 分钟

将浓度为 10% 的柠檬酸水（500ml 水兑 3 大勺柠檬酸）喷洒在水槽周围。

用海绵擦柔软的一面擦拭水槽去除水垢，然后用水清洗。

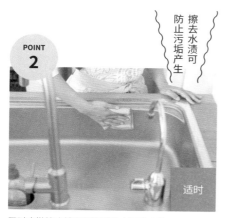

擦去水渍可防止污垢产生

POINT 2

适时

平时应勤擦水槽和瓶装用品上面的水渍。

水垢不易清除时

清除顽固水垢时，可将浓度为 30% 的柠檬酸水（500ml 水兑 9 大勺柠檬酸）喷洒在水槽周围。然后用保鲜膜覆盖在水槽表面，静置 10~15 分钟后，用海绵擦清除。

　　平时清洁水槽时，可将浓度为 10% 的柠檬酸水（500ml 水兑 3 大勺柠檬酸）喷洒在水槽周围并静置 1~3 分钟。用海绵擦柔软的一面擦拭水槽，去除水垢后再用清水冲洗干净。

　　除了水槽外，厨房用洗涤剂和洗手液等瓶装用品也容易滋生"消化系统疾病病原体"。这些物品上最容易反复附着一些易滋生细菌的滑腻污渍。

　　此外，如果用浓度为 10% 的柠檬酸水和海绵擦清洁了水槽和瓶装用品后，这些物品还是湿漉漉的，建议要勤擦上面的水渍。

燃气灶周围

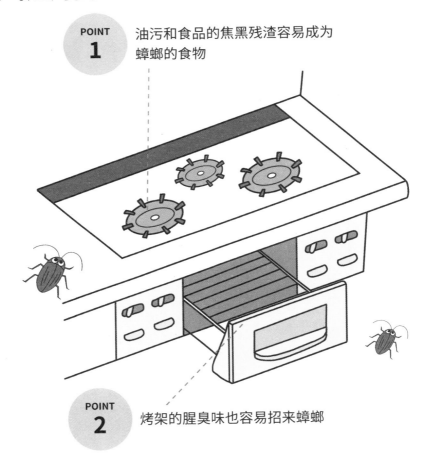

POINT 1 油污和食品的焦黑残渣容易成为蟑螂的食物

POINT 2 烤架的腥臭味也容易招来蟑螂

使用小苏打水清洁燃气灶，能有效防止蟑螂引起的食物中毒

洗涤剂

　　平时简单的清洁很难去除燃气灶支架上附着的油污和食品的焦黑残渣。同样，如果每次用完烤架不认真清洁，也很难去除上面的腥臭味。

　　燃气灶支架上的油污和烤架的气味容易招来蟑螂。因此，我们要足够地重视起来，运用前面讲过的"一周扫除流程范例"（→ P015）进行清洁。

POINT **1**

适时

静置 5~10 分钟

不需要特别用力就能清除焦黑残渣

使用含研磨剂的海绵擦将燃气灶支架先擦一遍，使油污松动。然后放入套了两层塑料袋的水桶中，并加入 80℃的热水、小苏打和厨房用中性洗涤剂。

使用含研磨剂的海绵擦擦洗燃气灶支架并用水冲掉污渍。建议清洗焦黑残渣较多的茶壶时也用此方法。

一开始预先擦洗燃气灶支架等物品，使油污松动，是为了稍后洗涤剂能更好地渗透到油污中。

MATSUMOTO'S ADVICE

POINT **2**

适时

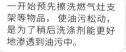
静置 5~10 分钟

除臭效果显著

在套了两层塑料袋的水桶中，加入 80℃的热水、小苏打和厨房用中性洗涤剂，将拆下来的烤架放进桶中浸泡。

使用含研磨剂的海绵擦擦洗烤架并用水冲掉污渍。小苏打具有除臭效果，可彻底清除鱼腥味。

　　燃气灶周围用品的清洁方法与换气扇大致相同。清洁燃气灶支架时，使用含研磨剂的海绵擦将燃气灶支架先擦一遍，使油污松动。烤架则如换气扇一样，先用中性洗涤剂擦洗。然后，在套了两层塑料袋的水桶中，放入要清洗的烤架，并加入 80℃的热水、小苏打（1L 热水兑 3~4 大勺小苏打）和 1~2 滴厨房用中性洗涤剂。静置 5~10 分钟后，使用含研磨剂的海绵擦擦洗并用清水冲洗污渍。

　　此外，虽说气温较高时油污会变软，容易清除。但为了有效地防止蟑螂的滋生，夏天最好也要用上面提到的方法勤快地打扫燃气灶周围。

冰箱·微波炉

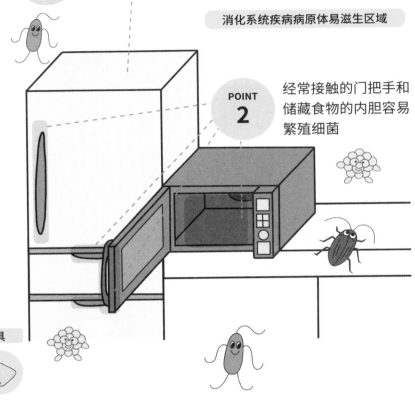

POINT 1
温暖的厨房中，上升气流将灰尘带向高处沉积

消化系统疾病病原体易滋生区域

POINT 2
经常接触的门把手和储藏食物的内胆容易繁殖细菌

工具

洗涤剂

重视经常接触的"消化系统疾病病原体易滋生区域"

细菌繁殖需要四个条件：水、养分、温度和湿度。厨房正好可以满足这些条件。特别是我们经常接触的冰箱和微波炉，更要警惕容易引发食物中毒的"消化系统疾病病原体"。

可将混合好的小苏打水（→ P029）喷洒在冰箱和微波炉的门把手上，然后用干的超纤抹布擦拭。去除门把手上含有皮脂的污垢，可以有效预防细菌繁殖。

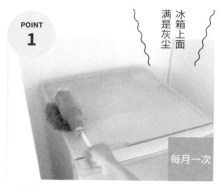

POINT **1**

冰箱上面
满是灰尘

每月一次

用化纤掸子（→ P018）轻轻擦去灰尘，以防灰尘
飞扬。

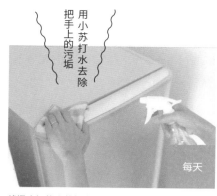

用小苏打水去除
把手上的污垢

每天

将混合好的小苏打水（→ P029）喷在冰箱上，静置
3分钟，然后用干的超纤抹布擦拭。

POINT **2**

放入小苏打水后加热，
以清洁微波炉内胆

每年 7~9 月是食物中毒频
发的时期，要特别注意清
洁手经常接触的地方。

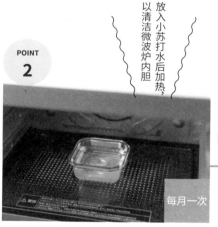

每月一次

静置 20分钟

在耐热容器中加入 200ml 水和 1 大勺小苏打，并将
功率 600W 的微波炉加热 3~5 分钟。微波炉门保持
关闭，静置 20 分钟。

然后用干的超纤抹布擦拭微波炉内胆残
留的水汽和污垢。

　　清洁冰箱时，除了重点清洁手经常接触的地方外，千万不要忘记清除冰
箱顶上的灰尘。建议用化纤掸子（→ P018）轻轻擦去灰尘。

　　清洁微波炉内胆时，可在耐热容器中放入小苏打水并加热。含有小苏打
的水蒸气会附着在内胆四周，从而轻松去除污垢。

　　最后，应定期整理冰箱，扔掉不新鲜或过期的食材，用医用酒精和抹布
擦拭冰箱内部进行消毒。

Washroom

盥洗室

盥洗室是我们换衣服、洗漱的地方，容易产生头发和灰尘等污垢。事实上，除了这些肉眼可见的污垢外，还存在霉菌、花粉和细菌等大量肉眼看不见的病原体。

洗漱架·地板

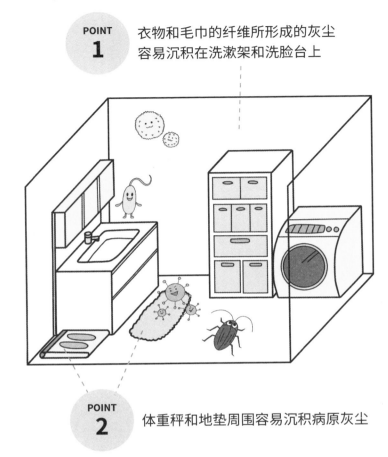

POINT 1　衣物和毛巾的纤维所形成的灰尘容易沉积在洗漱架和洗脸台上

POINT 2　体重秤和地垫周围容易沉积病原灰尘

盥洗室的病原灰尘要勤打扫

扫除工具

　　盥洗室中不仅有很多由衣物或毛巾的纤维形成的灰尘，还有掉落的头发和皮屑等，是最需要频繁打扫的房间。

　　而且，在住宅内的各个房间中，盥洗室地面的灰尘中所含的水分是最多的。这些湿漉漉的灰尘会成为霉菌和细菌滋生的温床。为预防霉菌性肺炎和细菌感染，需要经常清除盥洗室的灰尘。

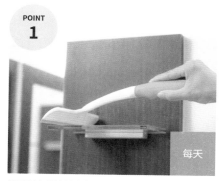

每天

使用刮水器清洁洗漱架和洗脸台。要诀是顺着一个方向慢慢地推动刮水器进行清洁。

要勤擦洗脸台上的水渍

适时

要经常用干的超纤抹布擦去水渍。如用毛巾擦拭，容易残留纤维，无法擦干净。

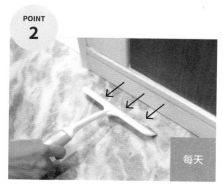

每天

用刮水器慢慢地清除地板上的灰尘。

体重秤和地垫周围满是灰尘

放在外面的物品越多，灰尘越分散，也就越不易清洁。因此，要注意整理物品，尽量将物品收纳起来。

应常备一个橡胶部分剪成锯齿状的刮水器，可以随时清洁盥洗室，简单方便。

而且，盥洗室中的洗漱架上放置了很多毛巾，地板上也有很多零碎物件。这些物品周围容易沉积灰尘。因此，应尽量将物品收纳起来，扩大活动空间。此外，不要忽略防滑垫的擦拭，使用过后要晾干。

建议大家尽量每天用刮水器清扫盥洗室的洗漱架等较高处和地板上的灰尘。

最后，每次洗漱完后，要用干的超纤抹布擦去飞溅的水渍，养成随手擦洗洗脸台的习惯。

洗脸台

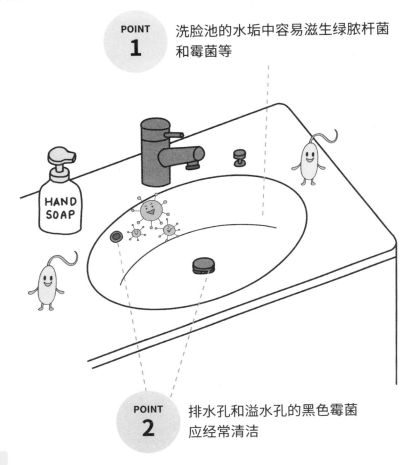

POINT 1 洗脸池的水垢中容易滋生绿脓杆菌和霉菌等

POINT 2 排水孔和溢水孔的黑色霉菌应经常清洁

工具

洗涤剂

每周清洁三次洗脸台，清除"消化系统疾病病原体"

　　洗脸台容易产生水垢。排水孔的黑色污垢就是其中的一种。清洁洗脸池和水龙头时，要先用水浸湿，然后喷洒含螯合剂的中性洗涤剂，再用海绵擦擦洗，最后拭去水渍。经常清除水垢，能有效控制"消化系统疾病病原体"的增加。

　　洗脸池靠上部分的小孔叫"溢水孔"，是为防止溢水而设计的，容易滋生霉菌。清洁溢水孔时，还是先用水浸湿溢水孔，

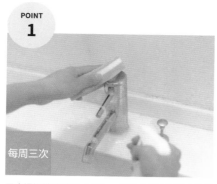

用水浸湿洗脸池和水龙头，喷洒含螯合剂的中性洗涤剂后，用海绵擦擦拭并用水冲洗。

为预防绿脓杆菌的繁殖，应用抹布经常擦洗牙刷架、漱口杯和香皂盒。

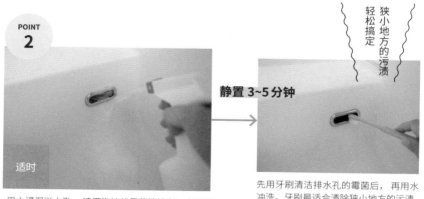

静置 3~5 分钟

用水浸湿溢水孔，喷洒泡沫状霉菌清洁剂，并静置3~5 分钟。

先用牙刷清洁排水孔的霉菌后，再用水冲洗。牙刷最适合清除狭小地方的污渍。

喷洒泡沫状霉菌清洁剂，并静置 3~5 分钟。然后用牙刷擦拭排水孔，清除霉菌后，再用水冲洗。

　　洗脸台上的牙刷架、漱口杯和香皂盒，这些小物品上容易滋生感染风险极高的绿脓杆菌。为预防绿脓杆菌的滋生，每次用完后，尽量不要湿漉漉地将它们扔到一边，要勤擦拭，使它们始终保持干燥的状态。

Bathroom

浴室

浴室的湿度较高，容易沉积皮脂和肥皂渍。清洁工作稍微有所松懈，就会很快长出霉菌和细菌。浴室是我们洗去疲劳和污浊的地方，平时勤打扫可以让我们远离病原体。

天花板·墙壁·地板

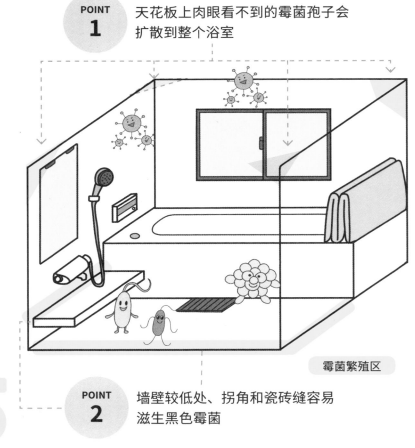

POINT
1
天花板上肉眼看不到的霉菌孢子会
扩散到整个浴室

霉菌繁殖区

POINT
2
墙壁较低处、拐角和瓷砖缝容易
滋生黑色霉菌

工具

洗涤剂

抑制霉菌繁殖，预防霉菌性肺炎

　　浴室表面看上去很干净，但空气中飘浮的霉菌孢子等病原体是所有房间中最多的。为避免吸入这些病原体，在清洁浴室时一定要通风换气。

　　此外，一定要用冷水清洁浴室，而非热水。而且，在清洁时，飞溅的水花中可能会含有细菌。因此，应避免使用花洒喷头冲洗，造成水花飞溅。

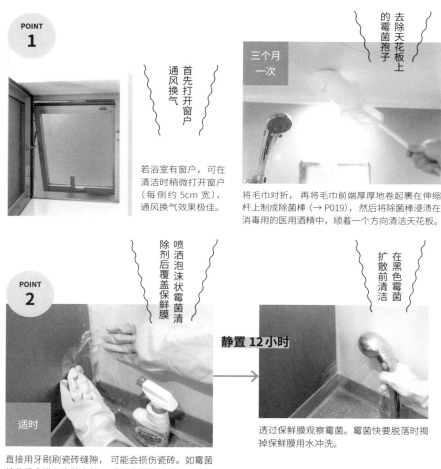

POINT 1

首先打开窗户
通风换气

若浴室有窗户，可在清洁时稍微打开窗户（每侧约 5cm 宽），通风换气效果极佳。

去除天花板上的霉菌孢子

三个月一次

将毛巾对折，再将毛巾前端厚厚地卷起裹在伸缩杆上制成除菌棒（→ P019），然后将除菌棒浸渍在消毒用的医用酒精中，顺着一个方向清洁天花板。

POINT 2

喷洒泡沫状霉菌清除剂后覆盖保鲜膜

适时

直接用牙刷刷瓷砖缝隙，可能会损伤瓷砖。如霉菌趁此机会进入瓷砖内部，反而会起反效果。建议先不要擦洗，可先覆盖保鲜膜静置一段时间。

在黑色霉菌扩散前清洁

静置 12 小时

透过保鲜膜观察霉菌。霉菌快要脱落时揭掉保鲜膜用水冲洗。

　　要想有效清除浴室的霉菌，天花板的除菌是必不可少的。天花板上附着的霉菌孢子如果落下来，便会导致霉菌在整个浴室中扩散。应定期用除菌棒清洁天花板。

　　而在清洁已经生霉菌的墙壁时，应使用泡沫状霉菌清洁剂。此外，平时清洁浴室地板时，可使用含螯合剂的中性洗涤剂。如霉菌较明显时，可适当使用霉菌清洁剂。

　　最后，每次洗完澡，建议用未经改造的刮水器或干毛巾擦干墙壁上的水滴。可有效预防霉菌的繁殖。

浴缸·排水孔

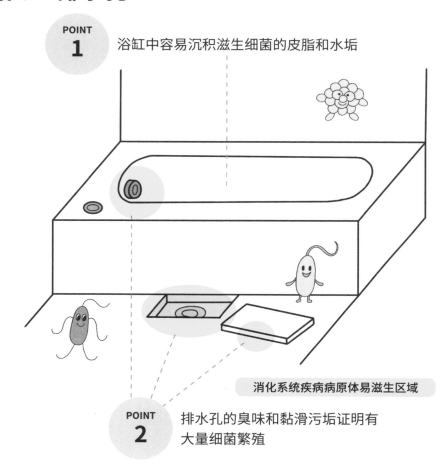

POINT 1 浴缸中容易沉积滋生细菌的皮脂和水垢

消化系统疾病病原体易滋生区域

POINT 2 排水孔的臭味和黏滑污垢证明有大量细菌繁殖

"每日清洁"加"一周扫除流程"，可预防细菌繁殖生成的粉红色污垢

洗涤剂

浴室中非常容易滋生霉菌和细菌。排水孔和浴缸的出水口属于感染疾病风险极高的"消化系统疾病病原体易滋生区域"。为预防霉菌和细菌的繁殖对人体健康造成危害，要尽量每天清洁浴缸和排水孔四周。

首先，用水浸湿浴缸和排水孔四周，喷洒含螯合剂的中性

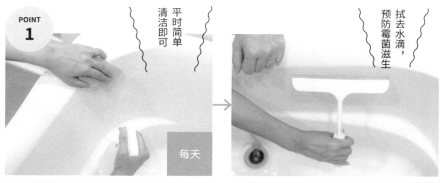

POINT 1

平时简单清洁即可

每天

用水浸湿浴缸，喷洒含螯合剂的中性洗涤剂后，再用海绵擦擦洗。

拭去水滴，预防霉菌滋生

用水冲洗掉洗涤剂后，再用橡胶部分未剪成锯齿状的刮水器拭去水滴。

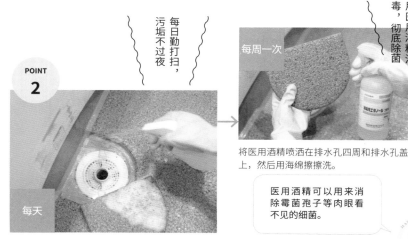

POINT 2

每日勤打扫，污垢不过夜

每天

用水浸湿排水孔周围和排水孔盖，喷洒含螯合剂的中性洗涤剂后，再用海绵擦擦洗。

每周一次

用医用酒精消毒，彻底除菌

将医用酒精喷洒在排水孔四周和排水孔盖上，然后用海绵擦擦洗。

> 医用酒精可以用来消除霉菌孢子等肉眼看不见的细菌。

洗涤剂后，再用海绵擦擦拭并用水冲洗。清洗完后，如不需要马上使用浴缸，可用未经改造的刮水器拭去水滴。

　　光靠日常的清洁，无法彻底清除细菌。排水孔四周和排水孔盖上容易反复出现由细菌繁殖产生的粉红色滑腻污垢。

　　因此，建议每周一次用医用酒精给排水孔四周和排水孔盖杀菌和消毒。通过定期的杀菌和消毒，预防粉红色滑腻污垢的产生，保持浴室洁净舒适。

浴室其他地方

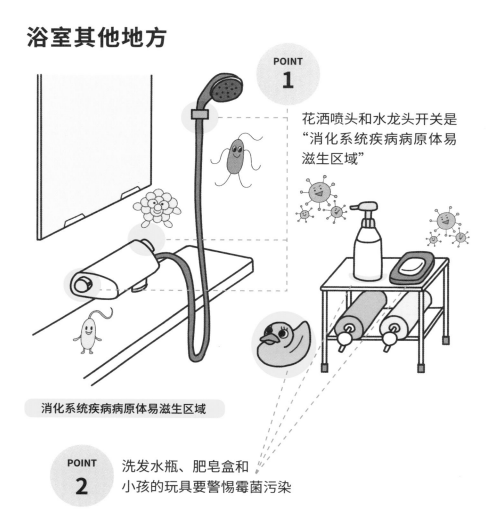

POINT **1**

花洒喷头和水龙头开关是
"消化系统疾病病原体易
滋生区域"

消化系统疾病病原体易滋生区域

POINT **2**

洗发水瓶、肥皂盒和
小孩的玩具要警惕霉菌污染

每周除菌两次，远离霉菌性肺炎和肠胃炎

洗涤剂

　　清洁霉菌较多的浴室时，重点在于清洁手经常触摸的地方，
这样可以抑制霉菌的繁殖。

　　每天清洁浴缸时，要用含螯合剂的中性洗涤剂和海绵擦简
单清洗一下花洒的喷头和水龙头开关。此外，除了日常清洁，
应每周喷洒两次医用酒精进行除菌和消毒，以抑制霉菌的繁殖。

　　洗发水瓶、肥皂盒和小孩的玩具要警惕黑色霉菌的滋生。

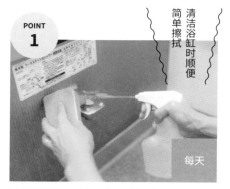

POINT **1**

清洁浴缸时顺便简单擦拭

每天

用水浸湿浴缸，喷洒含螯合剂的中性洗涤剂后，用海绵擦轻轻擦去皮脂污垢和水垢。

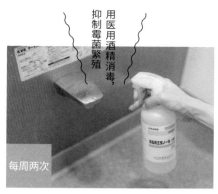

用医用酒精消毒，抑制霉菌繁殖

每周两次

日常清洁后喷洒医用酒精，抑制霉菌繁殖。

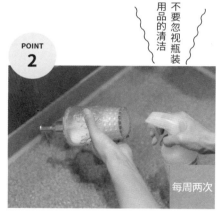

POINT **2**

不要忽视瓶装用品的清洁

每周两次

用含螯合剂的中性洗涤剂清洗瓶装用品和肥皂盒后，再喷洒医用酒精。

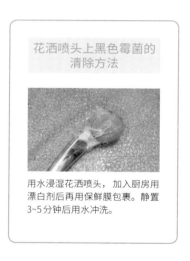

花洒喷头上黑色霉菌的清除方法

用水浸湿花洒喷头，加入厨房用漂白剂后再用保鲜膜包裹。静置3~5分钟后用水冲洗。

夏季霉菌繁殖比较旺盛，应每周两次用含螯合剂的中性洗涤剂清洗瓶装用品和肥皂盒后，再用医用酒精消毒。

特别是务必将小孩在洗澡时玩过的玩具带出浴室，放在厨房纸上晾干，然后用医用酒精消毒。

最后，在洗完澡后将浴室的椅子、日化用品和水桶上的水滴用毛巾擦干。整个浴室的清洁便得到了保障。

Restroom

卫生间

卫生间里也聚集了大量的灰尘。应特别警惕大肠杆菌和金黄色葡萄球菌繁殖所形成的病原灰尘。特别是在冬季肠胃炎高发的时期，在打扫卫生时应把预防感染放在首位。

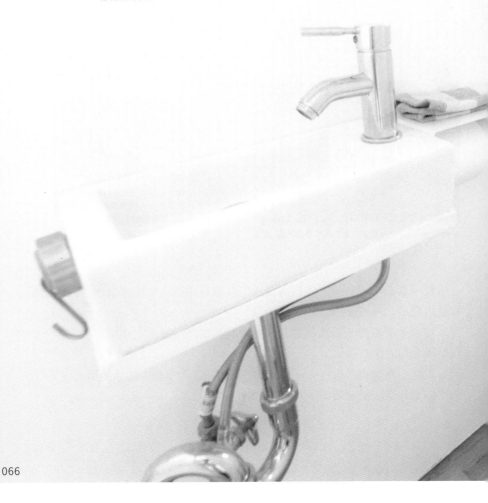

墙壁·地板

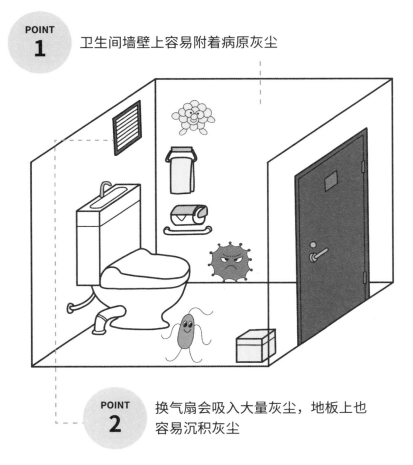

POINT
1 卫生间墙壁上容易附着病原灰尘

POINT
2 换气扇会吸入大量灰尘，地板上也
容易沉积灰尘

工具

卫生间清洁从清除病原灰尘开始

　　日本狮王株式会社所属的生活护理研究院针对卫生间内的灰尘状况做过一个调查。调查显示，卫生间中 1g 灰尘中平均含数十万到数百万的普通细菌。此外，该公司针对灰尘有无对于细菌数量产生的影响，做了细菌培养实验。实验显示，与未加入灰尘的培养基相比，加入灰尘的培养基中的细菌数量呈大约十倍的增长（→ P069 图表）。总而言之，在清洁卫生间时，清

POINT 1

从高处向低处清洁

每月一次

顺着一个方向推动刮水器，从墙壁高处到低处清除灰尘。

换气扇四周灰尘很多

每周一次

卫生间的换气扇会吸入大量卫生间外的灰尘。应彻底清除换气扇周围的灰尘。

换气扇没有吸净的灰尘会在地板上沉积，成为滋生细菌的温床。

POINT 2

桶边沿壁边沿和马重点清洁墙

每周三次

清洁地板时，按从外到里的顺序，顺着一个方向推动刮水器清除灰尘。

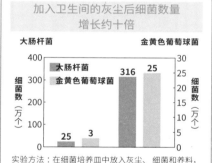

加入卫生间的灰尘后细菌数量增长约十倍

大肠杆菌　　　　　　　　　　金黄色葡萄球菌

- 大肠杆菌
- 金黄色葡萄球菌

细菌数（万个）　　25　　3　　316　　25　　细菌数（万个）

实验方法：在细菌培养皿中放入灰尘、细菌和养料，并覆盖薄膜，培养 24 小时。细菌最初数目：大肠杆菌 /4.6（log 细菌数）金黄色葡萄球菌 /4.9（1og 细菌数）。养料：浓度 1/20 的 NB 培养基①、灰尘标本（0.02g）、棉：卫生纸 =6：4

注：①天然培养基的一种。

除灰尘至关重要。

　　首先，戴上橡胶手套或一次性塑料袋，按照墙壁、地板的顺序用刮水器清除灰尘。如果先清洁马桶，从马桶中溅出的水花会打湿灰尘。这样的话，墙壁和地板的灰尘就会变得难以清理。

　　清洁地板时，按从外到里的顺序清除灰尘。应重点清洁容易积灰的墙壁边沿、马桶边沿和垃圾桶四周。清洁尿渍时，应喷洒小苏打水（→ P029），用湿巾像盖印章一样擦拭。此外，应每周一次用除菌纸巾擦拭地板。

马桶

POINT
1
清洁马桶时，也要警惕在清洁时被细菌
和病毒感染

消化系统疾病病原体易滋生区域

工具

POINT
2
手能接触到的地方要
特别注意病毒和细菌

安全清洁"消化系统疾病病原体易滋生区域"

洗涤剂

　　清洁马桶时，许多人喜欢用马桶刷。若使用马桶刷后，直接放入马桶刷座的话，马桶刷座里容易沉积受到污染的水。因此不建议直接使用马桶刷。可以将一次性塑料袋套在马桶刷上，待使用后可将塑料袋翻过来并扔掉，又卫生又省事。

　　清洁马桶内部时，普通污渍用含螯合剂的中性洗涤剂清洁即可，顽固污渍则需用酸性洗涤剂清洁。冲洗时，为防止病原

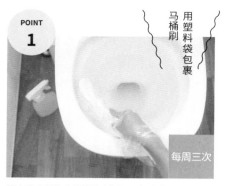

POINT 1

用塑料袋包裹马桶刷

每周三次

将含螯合剂的中性洗涤剂倒入马桶内静置 3 分钟。用包裹了塑料袋的马桶刷清洁，并用水冲洗。

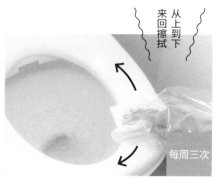

从上到下来回擦拭

每周三次

用卫生间专用的除菌纸巾从上到下，用力来回擦拭，除去马桶的污垢。

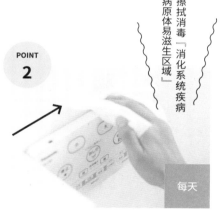

POINT 2

擦拭消毒「消化系统疾病病原体易滋生区域」

每天

来回擦拭后，脱下橡胶手套或塑料袋。然后顺着一个方向消毒擦拭手经常接触的地方。

顽固污渍的清除方法

使用酸性洗涤剂清除顽固污渍，简单便捷。在马桶外涂上洗涤剂后用纸巾擦拭；在马桶内涂上洗涤剂后静置 3 分钟，用马桶刷用力擦洗。

体飞溅，应盖上马桶盖。

　　清洁马桶外部时，用卫生间专用的除菌纸巾从上到下，用力来回擦拭，直至清除污垢。马桶整体的清洁，每周只需进行三次。污渍比较顽固时要涂上洗涤剂后用纸巾擦拭。

　　此外，冲水按钮、智能马桶的其他按钮和马桶上手经常接触的地方要每日擦拭消毒。待除去污垢后，可更换新的除菌纸巾，沿一个方向简单擦拭一下即可。

卫生间其他地方

POINT 1 若家人感染诺如病毒，
要进行特殊消毒

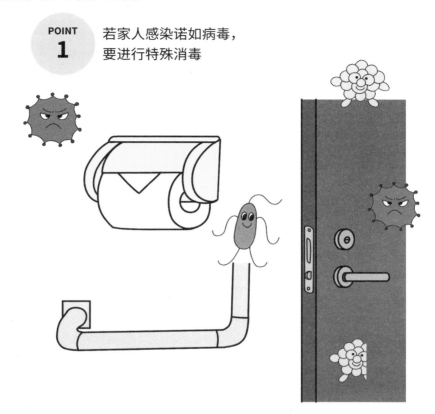

预防病毒感染，彻底消毒"诺如病毒易滋生区域"

工具

洗涤剂

日常打扫卫生过程中，清洁卫生纸架、卫生间门把手和扶手时，要像清洁马桶的冲水按钮一样，用卫生间专用的除菌纸巾进行二次擦拭。

不过，若家人感染诺如病毒，就要用特别的方法清洁卫生间，以防止病毒在家庭中扩散。诺如病毒能在 20℃ 的环境下存活 21~28 天，具有很强的感染性。要清除这种感染性很强的诺

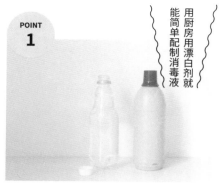

POINT
1

用厨房用漂白剂就能简单配制消毒液

用水稀释厨房用漂白剂配制消毒液。建议在使用前再进行稀释。

消毒液配制方法

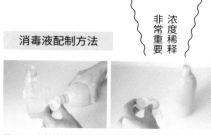

浓度稀释非常重要

用 500ml 的水稀释塑料瓶盖半盖（2ml）的厨房用漂白剂（原液浓度为 5%），配制成浓度为 0.02% 的消毒液。

顺着一个方向移动抹布

用浸渍消毒液的超纤抹布擦拭，让湿润的状态保持1分钟以上。然后，换其他的干抹布顺着一个方向再次擦拭。

家人感染诺如病毒时，感染者每次如厕后，都要对所有的"诺如病毒易滋生区域"进行消毒。用过的抹布要用新配制的消毒液杀菌并晾干。

如病毒，用厨房用漂白剂擦拭消毒，效果显著。消毒液配制出来后不能久放，因此要在使用前再进行稀释。

　　要用浸渍消毒液的超纤抹布沿一个方向，擦拭消毒卫生纸架、卫生间门把手、扶手、马桶盖、马桶边沿和冲水按钮。静置1分钟以上，再换其他的干抹布沿着一个方向再次擦拭。

　　最后，家中有感染者时，应避免使用难以彻底消毒的马桶座套。

专栏 错误扫除法大集合之"客厅·卧室篇"

松本老师的亲身经验！

常见错误做法①

用力推动吸尘器除尘

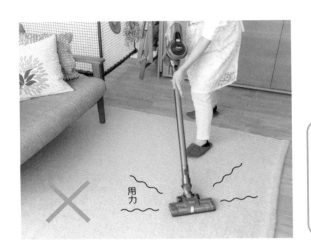

用力

特别是清洁地毯时，为了彻底清除垃圾，总是习惯于用力推动吸尘器。

若用力推动吸尘器，就会破坏地毯的纤维结构，反而无法清除地毯深处的垃圾和灰尘。快速、用力地推动吸尘器，还会把灰尘弄得到处都是。这种扫除方法非常不可取。

正确的扫除要诀

· 不要强压着吸尘器头除尘。

· 轻缓地推动吸尘器。

· 顺着墙壁和家具推动吸尘器。

用湿抹布擦地板

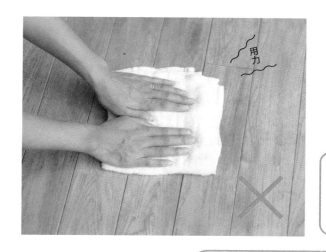

客厅地板上很容易脏，因此需要定期地用湿抹布擦地板。

使用湿抹布擦地板，非但起不到清洁的作用，反而容易使病菌扩散。因此这种做法非常不可取。地板无论多脏，都要用干抹布擦拭。

正确的扫除要诀

· 擦拭地板时应用干抹布。

· 地板的足迹污渍应喷洒小苏打水清除。

· 喷洒小苏打水后静置 3 分钟后再擦拭。

夜间打扫卧室

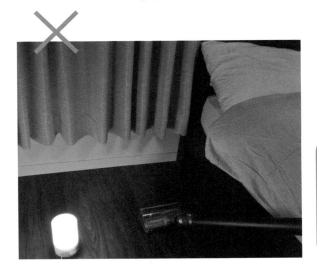

看到卧室架子上的灰尘或地板上的垃圾，习惯于在睡前简单打扫。

睡前打扫卧室，很容易扬起灰尘。在这样的环境中入睡实在不妙。清扫地板后，灰尘最容易在离地板70cm的高度飞扬。这个高度恰好是入睡时脸部的位置。

正确的扫除要诀

· 应在清晨打扫卧室。

· 打扫时应关闭卧室的窗户和门。

· 应按照从高处到低处的顺序打扫。

Others

玄关
走廊
楼梯

在我们的住宅中，还有其他受病原体污染
风险很高的地方。比如花粉容易乘虚而入
的玄关、含螨虫的灰尘容易沉积的走廊和
楼梯等。下面我将介绍一下这些地方的打
扫方法。

玄关

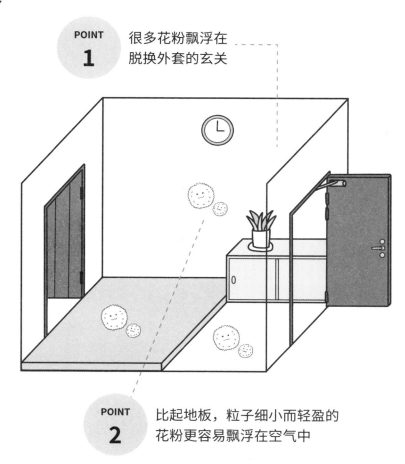

POINT 1　很多花粉飘浮在脱换外套的玄关

POINT 2　比起地板，粒子细小而轻盈的花粉更容易飘浮在空气中

打扫玄关，预防春季流感花粉症

　　每年 2 月到 5 月上旬，花粉都会漫天飞舞。而春天的这个时候又是流感容易爆发的季节。很多人罹患"流感花粉症"，同时深受两者之害。

　　我在前面介绍过清除流感病毒的方法。其中，卧室的床周围属于"流感病毒易滋生区域"，清扫相当重要。而要清除花粉，首先要重视玄关的清扫。

工具

花粉比较轻盈，容易在空气中飘浮。为防止扩散到其他房间，要将各个房间的门关严实再清扫。

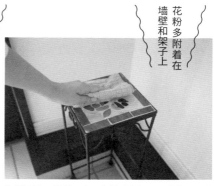

花粉多附着在墙壁和架子上

比起地板，花粉更容易在墙壁和架子上附着。应使用湿的超纤抹布擦拭。

使花粉落下

在空气中喷洒水使花粉落下，然后用干的超纤抹布缓缓擦拭。

超纤抹布纤维较细，很适合清除花粉。

如何避免把花粉带进屋

门外常备喷壶和超纤抹布。用稍微浸湿的抹布擦拭衣服和头发，使花粉脱落下后再进门。

　　之所以要重视玄关的清扫，是因为花粉一开始就是经由玄关被带进室内的。通常，我们进门就会脱去外套，这时候花粉会从身上飘落，大量的花粉就会飘浮在玄关上空。

　　花粉的粒子比较轻盈，不会直接飘落到地板上。而是在空气中飘浮并渐渐附着在墙壁和架子上，可用湿的超纤抹布按压墙壁和架子清除。

　　清洁墙壁时，只要清除手可以够得到的地方即可。清洁地板时，在空气中喷洒水使花粉落下，然后用干的超纤抹布轻轻擦拭。

走廊·楼梯

POINT

1

人走动、门开关时，
灰尘容易在走廊沉积

POINT

2

人上下楼梯时灰尘聚集在楼梯角落

工具

洗涤剂

清扫各个角落，有效清除病原灰尘

  如果对走廊和楼梯的灰尘置之不理，这些灰尘就会被皮脂、头发、螨虫或蟑螂的尸骸等污染，并转变成病原灰尘。

  那到底走廊的角落和中间哪里更容易积灰呢？可以试着将 LED 灯分别放置在走廊的角落和中间，6 天不打扫卫生。实验结果显示，走廊角落聚集了大量灰尘，被灯光照得发白。而走廊中间，由于人来回走动，就不怎么积灰。即使过了 6 天，走

忙碌时只需清洁角落即可

每周两次

日常打扫时，只要清洁走廊的角落即可。闲余时间打扫时，则可按照从中央到角落的顺序清洁。

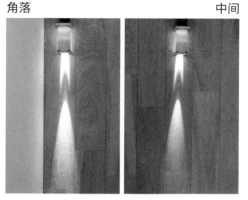

角落　　　　　　　中间

比起人经常走动的走廊中间，角落更容易积灰。

从上面的楼梯开始打扫

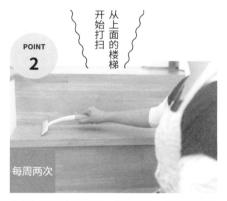

每周两次

将刮水器紧贴楼梯角落，然后沿着一个方向朝前移动，清洁灰尘。

喷洒小苏打水，清除足迹污垢

适时

清除足迹污垢时，应将小苏打水（→ P029）直接喷洒在地板上，静置 3 分钟后用抹布像盖印章一样擦拭。

廊中间也比较干净（本页右上角照片）。

　　总而言之，与其费力打扫不容易积灰的走廊中间，还不如用静电除尘拖把勤打扫容易积灰的走廊角落。这样清洁效率会高一些。

　　清洁楼梯时，要使用刮水器，从上面的台阶开始逐层打扫，这样才会将楼梯角落沉积的灰尘一次性打扫干净。

专栏 错误扫除法大集合之"用水区域篇"

松本老师的亲身经验！

常见错误做法①

将碗筷攒在一起洗

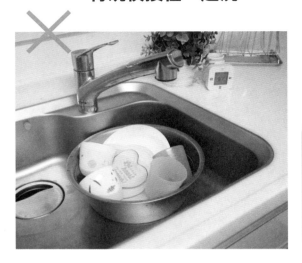

每天吃完早饭需要清洗的碗筷不多。习惯先泡着等到吃过晚饭之后再一起洗。

很多人认为将用过的碗筷泡在水中，碗筷会变干净。其实这种观点是极其错误的。将用过的碗筷放在水槽中，数小时后，里面的杂菌会繁殖到1~2万个。这种做法非常危险，极易引发食物中毒。

正确的扫除要诀

· 餐后及时清洗碗筷。

· 碗筷不要等到自然晾干，应及时擦干。

· 不要将洗过的碗筷放在洗碗机里。

常见错误做法②

用湿毛巾擦洗脸台

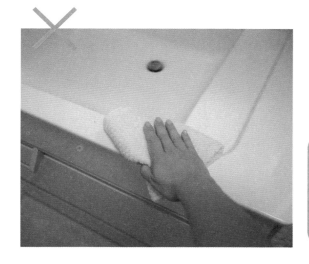

习惯在使用洗脸台后，用湿毛巾擦拭洗脸台周围和镜子。

用湿毛巾擦拭，洗脸台会残留水渍，容易滋生绿脓杆菌。毛巾上掉下的纤维也会形成灰尘，因此不太适合用湿毛巾擦拭洗脸台等处。

正确的扫除要诀

· 用干的超纤抹布清洁洗脸台。

· 水滴溅到洗脸台上时，应及时擦拭。

· 打开盥洗室的换气扇，保持空气流通。

常见错误做法③

喷洒洗涤剂后马上擦洗

清洁卫生间和浴缸的污垢时一直使用专用的洗涤剂，可不知为何总是无法清除干净。

估计不少人都习惯于喷洒洗涤剂后马上擦洗。但实际上，洗涤剂渗透到污垢内部并发挥作用需要一定的时间。建议静置3分钟以上，再进行擦洗。

正确的扫除要诀

· 喷洒洗涤剂后静置 3 分钟以上。

· 喷洒洗涤剂后先轻擦污垢使其松动，洗涤剂会更容易渗透到污垢内部。

· 清除顽固污渍时应静置 10 分钟。

健康扫除法 Q&A

除 Part 2 中介绍的分区域扫除法外，可以预防疾病的扫

除要诀还有不少。在这一章，我将结合大家关于扫除方

法的疑问，再介绍一些省时又高效的扫除要诀。

如何清扫天花板上和墙拐角处沉积的灰尘？

Q1

为什么我家朝北房间的天花板和墙拐角总是有个地方很容易沉积灰尘呢？而其他房间的墙壁却不怎么积灰。真让人有些不可思议。到底是什么原因呢？应该如何清除这些灰尘呢？

A1 墙壁上容易积灰，是因为房间通风不好，一定要警惕霉菌滋生

大家一定遇到过这样的情况。不同房间沉积的灰尘量不同，或者同一个房间灰尘容易聚集在一些特定的地方。这些问题的源头必然是房屋的通风不好。如果这些地方的灰尘被置之不理，就容易成为霉菌滋生的温床。

清除墙壁的灰尘时，如果是伸出手就能触碰到的地方，就使用橡胶部分剪成锯齿状的刮水器。如果是房间较高处、天花板和墙拐角的地方，就使用装入塑料瓶中的长柄化纤掸子。

墙壁上除灰尘以外的其他污垢，包括开关周围的黑印或较低位置小孩子蹭的脏手印等，只要用塑料橡皮轻轻擦拭，便能轻松去除这些污垢。

如何让扫除更省时？

Q 2

?

我家孩子才 1 岁。我和我老公两个人都要上班，回到家又要做家务，又要看孩子，每天忙得不可开交。看孩子不能有丝毫松懈，但做家务想稍微省点事儿。有没有什么方法可以让打扫卫生变得轻松点呢？

A2 尽量减少家中物品，家具之间不要留下难清理的死角

　　最简单最省事的扫除方法，其实就是尽量减少容易积灰的物品和家具。此外，将家具紧靠墙壁放置，尽量不留下可以积灰的缝隙，这样有时候不用打扫卫生也没事。或者为了打扫方便，摆放家具时房间里留出足够大的空间。

　　灰尘容易在凹凸面较多的家具的缝隙间沉积，因此挑选家具时建议尽量选择简约而表面平滑的家具。

　　架子、床等家具，如果选择带腿的，灰尘容易在家具底部沉积。因此，建议尽量选择不带腿的、与地板之间没有缝隙的家具。

窗帘一年清洗几次，该如何清洗？

我家的窗帘看上去不怎么脏，也没什么异味。所以到目前为止，一般都是每年的年底大扫除时才清洗。洗完之后一般就挂在室内晾干。不知在干燥的冬天清洗窗帘好吗？窗帘可以一年只洗一次吗？

A3 选在"花粉期、梅雨期、结露^①期"三个时期结束时清洗窗帘

窗帘看上去并不脏，但其实很有可能已经被从室外进来的花粉、PM2.5 和霉菌孢子等各种各样的病原体所污染。每年清洗一次的频率稍微有点低，一年清洗三次比较好。

建议选在病原体最易附着在窗帘上的时期，高效地清洁窗帘。最适合清洗窗帘的时期有三个：花粉飞扬的时期结束时、梅雨期结束时、结露期结束时。

无论哪个季节，将洗干净的湿漉漉的窗帘挂在窗帘滑轨上让其自然晾干的方法都是不太好的。因为换气不好的室内容易滋生杂菌。建议最好将窗帘挂在室外晾干。

注：①因室外温度低，室内温度高，室内的空气因温差凝成水珠冻结在窗户或墙壁上的现象。

如何预防洗衣机后壁的霉菌？

Q 4

前几天因为家里的洗衣机坏了要拿去修。搬动洗衣机的时候居然发现后壁布满了霉菌！要怎么做才能预防霉菌的产生呢？

A4 一旦发现洗衣机后壁长有霉菌，立刻用霉菌清洁剂清除，一定要注意通风换气

首先，一旦发现洗衣机后壁长了霉菌，应立刻用霉菌清洁剂清除，防止其继续繁殖。可在后壁喷洒泡沫状霉菌清洁剂，静置3~5分钟后再用干的超纤抹布擦拭干净。

洗衣机后壁容易长霉菌的主要原因有两个：①浴室里的湿气扩散；②洗衣机后面的通风较差。如不解决这两个问题，霉菌便会反复出现。洗完澡后，不要将浴室的门大开着，要将门关闭，然后打开换气扇换气。或者在盥洗室放置小型电风扇，使用浴室时，同时打开电风扇吹洗衣机的后壁，也能有效预防霉菌滋生。

浴室的滑门轨道该如何清洗?

Q 5

?

浴室的滑门轨道上附着的灰色污垢让我大伤脑筋。这些灰色污垢已经固结成块,单纯用抹布擦拭根本无法清除。如果上面沾点水,污垢会变得滑腻腻的。有什么方法可以彻底清除这些污垢?

A5　用柠檬酸彻底清除灰尘和水垢混合而成的"水垢灰尘"

　　灰尘本身并不会固结，固结的是灰尘和水垢的混合物。可将浓度为 10% 的柠檬酸水（500ml 水兑 3 大勺柠檬酸）喷洒在这种污垢上，贴上保鲜膜静置 1~3 分钟。待污垢软化后，用一次性筷子尖像削东西一样剔除，很容易就能将污垢去除。

　　值得注意的是浴室和盥洗室之间的滑门轨道在洗完澡后会被打湿，容易沉积霉菌和水垢。最后使用浴室的人要用干抹布将滑门轨道擦干。这样才能够有效预防"水垢灰尘"的产生。

如何打扫儿童房？

Q 6

？

我家孩子患有哮喘病。孩子的被子经常拿出去晒，也认真地用吸尘器清除房间里的灰尘。除此而外，还有哪些需要注意的地方？

A 6　湿度较高的时期，要警惕潜藏在儿童玩具和书里的霉菌和螨虫

　　孩子患有哮喘病,家长一定会分外担心家里的卫生状况。接下来，我要讲一下如何清除霉菌、螨虫和灰尘等过敏原，从而有效预防哮喘发作。

　　大家在打扫儿童房时，最容易忽视的就是孩子大量的书和玩具的清洁。在梅雨季节，或经常使用加湿器、湿度较高的冬日，通风较差的玩具箱和书架中，极有可能滋生霉菌和螨虫。

　　特别是书籍的纸张吸收水分后容易滋生霉菌，把大量的书杂乱堆在通风较差的地方是相当危险的。

　　在梅雨季节前后或使用加湿器的季节，建议大家用医用酒精给孩子的书和玩具等消毒。

浓度越高的酒精消毒效果越好吗？

在电视上看到有关餐桌消毒的广告，就想把餐桌消毒这一环节加入到日常家务中来。于是想买点酒精消毒用。到药店一看，酒精种类繁多，浓度也各不相同。是否应该选择浓度最高的酒精呢？

A7　浓度高并不代表消毒效果好

　　酒精中浓度最高的是浓度 99.5% 以上的无水乙醇。但无水乙醇中几乎不含水分，极易蒸发，消毒作用极为短暂。因此，不适于餐桌消毒，一般只适于浸水即坏的电脑键盘等电子产品的消毒。

　　适用于餐桌消毒的是浓度为 75% 左右的医用酒精。浓度 75% 以下的酒精，多用作挥发剂使用，其本身的消毒效果并不好。因此购买消毒剂时，一定要根据使用目的选择消毒成分及浓度合适的产品。

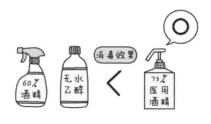

如何清洁汽车内部？

我经常开车接送孩子上下补习班。车里面全是孩子吃剩的点心渣和满是泥水的鞋印，车子总是被弄得脏兮兮的。该怎么清洁呢？

A 8　常备扫除小工具，彻底清除车内的螨虫和霉菌

螨虫经常附着在人和物体上被带入车内。车内湿度适宜时，就呈爆发式繁殖。此外，雨天打湿的雨伞和鞋会使车内湿度升高，甚至可能会滋生霉菌。

要抑制车内螨虫和霉菌的繁殖，就要用吸尘器勤打扫座椅。如条件允许，建议车内常备一台手持无绳吸尘器，孩子下车后马上清除车内的点心渣等垃圾。清洁时一定要注意吸尘器的排气。为避免吸尘器排出灰尘时霉菌孢子四散在车内，清洁时要打开吸尘器排气孔对着的车窗或车门。

螨虫主要在夏天繁殖。因此，建议在每年 6 月上旬和 9 月，用无绳蒸汽熨斗给车内座椅消毒。将 85℃以上的蒸汽熨斗在座椅上悬空放置至少一分钟[1]，就能将螨虫彻底杀死。不过在给皮革座椅垫消毒时，为避免损伤皮面，尽量不要使用熨斗。

注：①不要将熨斗直接放在座椅上。

车内座椅布置紧凑，乘坐人也较多，因此灰尘量比较大。此时建议使用松本式黏性滚刷（→ P019）。比如，清洁汽车仪表盘等大面积的曲面上的灰尘时，使用黏性滚刷最合适不过了。而清洁饮料架等较狭窄部位时，可在一次性筷子上裹上小的滚刷，慢慢地清除灰尘。

如何养成良好的
松本式扫除习惯

不同季节打扫卫生的注意点各有不同，最重要的是根据

季节适时调整扫除方法，并坚定不移地贯彻下去。这样

打扫卫生才能有效预防疾病。在这一章，我要向大家介

绍一下养成良好扫除习惯的方法和各个季节打扫卫生的

要点。

🏠 松本式扫除法是否烦琐？

前面所讲的预防疾病的扫除法，其关键在于能否每天坚持下去。年底的大扫除只能保证整个住宅当天的干净整洁。可如果从第二天开始细菌和病毒迅速繁殖，以致引发疾病，那之前的一切努力也就付之东流了。

读到这里，一定会有人说："我平常最怕麻烦，像我这样的人可做不到每天坚持打扫卫生。"

如果有人这么想，那可就是对我所提倡的扫除方法有很大的误解了。

实际上，每天抽出很少的时间，将家里一点点地打扫干净，这样能比每周一次花大量时间清洁整个家，节省数倍的时间和力气。

而且，我所提倡的扫除法，归根结底其目的在于定期减少室内病原体的数量，使我们远离疾病。

我们应使用可以有效清除病原体的工具，优先清除室内可能影响身体健康的"呼吸系统疾病病原体"或"消化系统疾病病原体"。其目的并非将家里每一个角落都打扫得一尘不染。因此，真正打扫起来其实并不会花很多时间。

事实上，用尽全力想打扫干净每一个角落，很可能会适得其反。甚至来说，灰尘漫天飞舞的最大原因就是采用了错误的扫除方法。希望大家可以以本书为契机，改变以往那种打扫卫生只看表面的做法。

本书介绍的扫除法既节省时间，又兼顾身体健康，可谓一石二鸟，最适合那些怕麻烦的人了。

如果话说到这里，大家仍然不太有信心、不愿意亲自实践一下的话，不妨转变一下思路，从以下三个方面思考一下。

打扫卫生原本就是：①适可而止；②量力而为；③无须下大决心、较随性的活动。

"今天清除一下卧室架子上的灰尘""明天打扫一下走廊角落"，像这样，每天制定一个扫除小目标，并坚持下去。这样坚持一段时间，自然而然就形成了习惯。形成习惯后，也就不会觉得扫除有多大负担了。

🏠 确定扫除的先后顺序

通过前面的介绍，大家应该已经明白"并不是房间的每一处都一样地脏"这个道理。

比如，客厅先清洁地毯；卧室先清洁床周围；走廊先清洁角落等，不同房间有不同的需要优先清洁的地方。为何要分轻重缓急？正是因为以上这些地方存在更多的病原体。

那为什么存在容易聚集病原体的地方和不怎么滋生病原体的地方呢？这和家中灰尘的沉积方式有很大关联。

灰尘在气流、湿度、静电的影响下，会聚集在房间里特定的地方。

最容易影响灰尘分布的是人、空调和换气扇带起的气流。灰尘在气流的吹动下聚集在某些地方。湿度较高的房间，灰尘在地板上沉积；干燥的房间，灰尘在窗帘滑轨、灯罩等较高处沉积。此外，带静电的电子产品周围也容易积灰。这些灰尘成为病原体的养料，而病原体就在这些灰尘上不断繁殖并形成"病原灰尘"。

如果大家弄清楚了自己家里哪些地方更容易积灰，也就等于弄清楚了打扫卫生的重点所在。这样就能高效地预防疾病。

我每次为医院、护理机构和私宅提供扫除方面的建议时，首先就要弄清楚空调的位置、居住者的移动路线和换气扇的位置等。从而确定需要重点打扫的地方，并制定扫除流程。制定流程时，使用的是"松本式扫除法各房间扫除确认表"。在本书第 115 页也收录了一个简单的范例。在制定自己家的扫除流程时，大家可以用来作为参考。

⊞ 区分灰尘

在 Part1 中我已粗略地讲过"无害灰尘"和"病原灰尘"。在这部分，我将详细介绍一下病原灰尘的产生过程。

灰尘的产生源头大致有以下四个：

①衣服和地垫上的纤维；②被子和坐垫上的棉；③抽纸、卫生纸等纸类；④从室外带进来的沙土。

这些物质混杂在一起就形成了灰尘。一开始，较轻的灰尘飘浮在空气中，较重的灰尘则飘落在地板上。这些灰尘在气流、湿度和静电的影响下，逐渐聚集在物体上和墙边。

接下来，我来讲一下各种病原灰尘的类别。

在湿度较高的地方聚集的灰尘较湿滑，容易滋生霉菌和螨虫。厨房周围的油渍混杂层叠在一起形成的灰尘较油腻，营养丰富，容易繁殖细菌和蟑螂。而较高处的灰尘较轻盈，容易飞舞在空中而被人吸入体内，有可能引发哮喘和肺炎等疾病。

因此，我们要仔细观察自家的灰尘类别，一旦发现上文中提到的病原灰尘，就应优先将其清除。

🏠 松本式扫除法不易沉积污渍

请大家结合前面提到的内容，再重新回顾一下自己平时打扫卫生时的情形。

想必很多人打扫卫生时，总是倾向于重复打扫地板中央等容易清扫的地方。这种重视表面干净和自身感觉的扫除方式，其实只会让视线里的无害灰尘散播开来。

你可能会说："吸尘器尘袋里的垃圾在不断增加，我肯定吸得很彻底了。"但实际上，飞舞在空中的灰尘量，并不比你吸进吸尘器里的少。

我曾委托可以对灰尘运动轨迹进行解析的公司做过一个实验。实验结果显示，吸尘器排气时产生大量上扬灰尘，这些灰尘可以在房间里飘浮 20 分钟以上。

在打扫卫生时未清除干净的无害灰尘，在空气中飘浮一段时间后会重新落在地板上。然后在气流的作用下沉积在房间角落，并随着时间推移逐渐转化成病原灰尘。

因此，建议大家改变那种只打扫容易清洁的地方的做法。要通过平时不紧不慢地打扫，使整个家保持病原灰尘不易沉积的状态。这样才是保证全家人健康的秘诀所在。

春夏秋冬四季的扫除要诀

春夏秋冬每个季节需要特别注意的病原体和感染症的种类各不相同。下面来介绍一下四季的扫除要诀，以供大家参考。

春

春天最需要注意的就是花粉。首先，花粉飞扬的季节里，不要打开窗通风换气，而要使用空气净化器。而且，尽量避免将被子和衣物拿到室外晾晒。

花粉容易乘虚而入的玄关、换衣服的盥洗室和卧室等处，最容易受到污染。打扫卫生时，一定要注意不要让灰尘和花粉上扬。要用湿的超纤抹布擦拭墙壁和地板，或在空气中喷洒水后，用干的超纤抹布擦拭，这样就可以避免花粉上扬到空气中。

夏

从湿度较高的梅雨季节开始一直到夏天结束，是霉菌和螨虫繁殖的旺盛期。

霉菌和螨虫还易引发哮喘和肺炎等呼吸系统的疾病，因此要多加小心。应时常换气或使用除湿器，以降低室内湿度，破坏霉菌和螨虫的生存环境。尽量将湿度控制在 60% 以下。

秋

诺如病毒感染症的高峰期是每年的 11 月到次年 3 月,可通过接触感染。诺如病毒大小约 30 纳米左右,非常微小,连吸尘器的滤网都无法将其捕捉。这种病毒感染性极强。家中如果有人感染这种病毒,应将感染者所接触的所有地方用厨房用漂白剂配制的消毒液逐一彻底消毒,不能有一丝松懈。预防感染的消毒液配制方法和消毒方法请见第 73 页内容。

冬

流感从每年的 11 月下旬开始渐渐进入活跃期,到次年 2~3 月进入高峰期。流感进入活跃期后,应在每晚睡前用医用酒精擦拭门把手、栏杆、灯具开关、遥控器等物品。

提高室内湿度对预防流感也很有效。流感病毒在湿度较高的环境下比较脆弱。而且,喷嚏和咳嗽的飞沫在加湿器的雾气的包裹下变沉重,便会落到地板上,从而不易被口鼻吸入。建议将湿毛巾挂在室内,或使用加湿器将室内湿度控制在 50%~60%。值得注意的是湿度超过 60% 时容易滋生霉菌和螨虫,因此室内湿度也不宜太高。

※ 花粉、霉菌、螨虫、诺如病毒、流感病毒等的发生状况,因地域和气候条件不同而有所差异。

分季节

打扫卫生可以预防的
主要病原体和疾病

花粉
● 打喷嚏 ● 流鼻涕
● 眼睛痒

流感病毒
● 高烧
● 关节痛
● 头痛

霉菌·螨虫
● 哮喘
● 肺炎
● 咳嗽

诺如病毒
● 腹痛 ● 腹泻 ● 呕吐

春 夏 秋 冬

🏠 防止感染扩散的扫除法

诺如病毒的感染性极强的，是家中极易感染的病毒之一。因扫除方式不同，可能会出现预防疾病和感染扩散两种截然相反的效果。接下来我讲一下感染诺如病毒后呕吐时的处理方法。

需要准备：

○一次性塑料手套（或塑料袋）　○一次性口罩　　○垃圾袋

○厨房纸（或报纸）　　　　　○厨房用漂白剂　　　○蒸汽熨斗

○小苏打　　　　　　○ 500ml 塑料瓶 2 个

需要配制①：浓度为 0.1% 的次氯酸钠消毒液

在塑料瓶中加入水（约 490ml），再加入两瓶盖（约 10ml）的厨房用漂白剂（原液浓度为 5%）。盖上盖子后摇匀。

需要配制②：小苏打水

在塑料瓶中加入水（约 490ml），再加入 1~2 大勺小苏打，盖上盖子后摇匀。

吐在地板上时：

① 戴上手套、口罩，可围上一次性围裙；

② 用厨房纸将呕吐物全部覆盖住，再在上面洒上半塑料瓶的消毒液；

③ 用厨房纸从外围到中央将呕吐物包裹，扔进垃圾袋；

④ 重复一遍②和③的过程；

⑤ 用新的厨房纸顺着一个方向擦拭地板，擦拭后扔进垃圾袋；

⑥ 将剩余的消毒液全部倒入垃圾袋中，然后封口扔掉。

吐在地毯上时：

为避免地毯褪色，处理时不使用消毒液而是进行加热消毒。

① 戴上手套、口罩，围上一次性围裙；

② 用厨房纸将呕吐物全部覆盖住，再用厨房纸从外围到中间将呕吐物包裹，扔进垃圾袋；

③ 将熨斗放在地毯上方，用85℃以上的蒸汽消毒1分钟；

④ 在呕吐过的地方洒上小苏打水，用新的厨房纸像盖印章一样吸掉地毯上的小苏打水及呕吐物残渣，然后将厨房纸扔进垃圾袋；

⑤ 将消毒液倒入垃圾袋中，然后封口扔掉。

此外，被子和衣服沾上呕吐物时，在消毒之前千万不要放到洗衣机里洗涤。转移需要清洗的衣物和病毒感染者时一定要注意以下事项：需要清洗的衣物要放入塑料袋中；病毒感染者和处理呕吐物的人在走动过程中应避免用手接触室内的所有地方。一旦接触了某个地方，就要用消毒液消毒。

从离地面 1m 高的地方呕吐时，诺如病毒可能会在半径 2m 的范围内散播。因此，感染者呕吐后，不仅要处理呕吐物，还要在**周围的地板和墙壁**等处喷洒浓度为 0.1% 的次氯酸钠消毒液，并用厨房纸顺着一个方向擦拭。

每年 10 月至次年 3 月是诺如病毒的高发期。特别是春季，又是流感期。若两种病毒同时爆发，就会导致"诺如流感"。人体要是被"消化系统疾病病原体"和"呼吸系统疾病病原体"同时感染，那后果不堪设想。

为避免感染这种"诺如流感"，建议大家按照前文所介绍的感染预防措施，同时预防这两种病毒。另外，尽量减少家中灰尘，避免打喷嚏，也能有效预防"诺如流感"。大家一定要实践一下。

松本式扫除法
各房间扫除确认表

使用方法：
• 确认各个房间符合以下哪些情况，并将符合项目所对应的分数相加。
• 将每个房间的得分与分数表相对照，便可以大致确定该房间的打扫频率。

☐ 用水区域（马桶、水槽、浴缸、洗脸台）———————————— 15分
☐ 地毯 ———————————————————————————— 10分
☐ 榻榻米 ——————————————————————————— 10分
☐ 用餐场所 ——————————————————————————— 6分
☐ 木质地板等硬质地面 ————————————————————— 5分
☐ 3人以上平均每天使用1小时以上 ———————————— 4分
☐ 10岁以下的小孩平均每天使用1小时以上 —————————— 4分
☐ 使用用水区域后水渍未擦干 ——————————————— 3分
☐ 地垫 ———————————————————————————— 3分
☐ 换衣服的地方 ————————————————————————— 3分
☐ 日照条件差 ————————————————————————— 3分
☐ 带腿家具两件以上 —————————————————————— 3分
☐ 书和玩具很多 ————————————————————————— 3分

分数表

得分	打扫频率
40分以上	每天
33分～39分	每周三次
26分～32分	每周两次
25分以下	每周一次

得分

后记

让我感到高兴的是我的"松本式扫除法"自面世以来收到了不少积极反馈，特别是我有幸与许多朋友进行了交流。我深刻意识到很多朋友仍在用错误的方法打扫卫生。这让人感到有些遗憾。

那么，为什么大家都无一例外地采用这种将灰尘弄得到处是的扫除方式呢？

这是我这么多年一直抱有的疑问，现在终于找到了答案。根结就在于我们在学生时代所学到的"学校扫除法"。

一想到这些，我忽然认识到了问题的严重性，不由得大吃一惊。如果孩子们无法学到正确的扫除方法，很有可能他们一生都将用错误的方式打扫卫生。这种错误的扫除方式甚至还会损害到他们自身的健康。

我一直在想，假如一开始我们学到的就是正确的扫除方法，那么是不是可以避免很多身体上的不适和疾病呢？

本书中使用了大量的插图和照片，旨在更为通俗易懂地向大家介绍这种可以预防疾病的正确的扫除法，并祈愿所有的孩子都能更健康地成长。并且希望有更多的读者朋友能够采用本书所介绍的扫除方法，度过健康而幸福的一生。

此外，我还想借此机会，向在创作本书过程中给予我诸多帮助的江建、伊藤美荷子、赤绊野惠、鸨田胜弘、责任编辑金谷亚美，以及一直在身后给予我极大支持的家人和关照过我的朋友们表示由衷的感谢。

最重要的是我要对能够将这本书读到最后的读者朋友表示衷心的感谢。

谢谢大家！

松本忠男

图书在版编目（ＣＩＰ）数据

家的扫除 / (日) 松本忠男著 ; 李中芳译. —— 南京:
江苏凤凰文艺出版社, 2020.4 (2022.9重印)
　　ISBN 978-7-5594-4553-7

Ⅰ.①家… Ⅱ.①松… ②李… Ⅲ.①家庭 – 清洁卫
生 – 基本知识 Ⅳ.①TS975.7

中国版本图书馆CIP数据核字(2020)第018336号

版权局著作权登记号：图字 10-2019-434
ZUKAI KENKO NI NARITAKEREBA IE NO SOUJI O KAENASAI
Copyright ⓒ Tadao Matsumoto 2018
All rights reserved.
Original Japanese edition published by FUSOSHA Publishing, Inc.
This Simplified Chinese edition published
by arrangement with FUSOSHA Publishing, Inc., Tokyo
in care of FORTUNA Co., Ltd., Tokyo

家的扫除

[日]松本忠男　著　李中芳　译

责任编辑　王昕宁
特约编辑　周晓晗　王　瑶
责任印制　刘　巍
出版发行　江苏凤凰文艺出版社
　　　　　南京市中央路165号，邮编：210009
网　　址　http:// www.jswenyi.com
印　　刷　天津联城印刷有限公司
开　　本　880毫米 × 1230毫米　1/32
印　　张　4.25
字　　数　100千字
版　　次　2020年4月第1版
印　　次　2022年9月第4次印刷
书　　号　ISBN 978-7-5594-4553-7
定　　价　48.00元

江苏凤凰文艺版图书凡印刷、装订错误，可向出版社调换，联系电话025- 83280257

快读·慢活®

《家事大全》

全彩图解，家务一本通！

日本超人气家事顾问藤原千秋编著的 21 世纪家务宝典！全书 200 多个小巧思，将家务效率化、技巧化、专业化！

本书详细介绍了居家生活的方方面面，清洁、收纳、洗护、烹饪、房屋维修以及防灾、防盗、防意外等 6 大方面，超过 2000 张实景照和插图，步骤简易详尽，一看就会！比如："用碳酸氢三钠溶液和薄荷油防治蟑螂""家具上的划痕借助蜡笔类修补剂和吹风机修补""防盗防灾的安全知识""长期避难所需的物品储备"等，教你轻松利用生活中唾手可得的物品和事半功倍的小诀窍，把家务做对、做轻松、做得有创意、做出专业感！

除此之外，书中还收录了家务年历和室内各空间的重点清洁平面图，协助规划年度清洁计划，让做家务有条不紊，生活井然有序！全方位提升你的家务能力与效率，打造理想的家，让自己和家人住得更舒适、更安心！

快读·慢活®

《家的整理》

整理，就是找到人生必需品的过程

　　日本超级主妇、整理达人向大家传授只有家庭主妇才知道的具有实践意义的整理、收纳技巧以及生活中的小巧思。作者从物品收纳、资料整理、衣物取舍、计划制定、生活物品购买、家务、年末大扫除、家居好物等各个方面，分享了 51 个切实可行、能够改善繁杂生活的小巧思。这些生活思考，不仅适用于整理与收纳，也适用于对于所有家务、时间以及金钱管理等各个方面，甚至整个人生。

　　整理，就是找到人生必需品的过程。希望每一个你能在这本书的帮助下，收获令心情舒畅的生活之道。

快读·慢活®

　　从出生到少女，到女人，再到成为妈妈，养育下一代，女性在每一个重要时期都需要知识、勇气与独立思考的能力。

　　"快读·慢活®"致力于陪伴女性终身成长，帮助新一代中国女性成长为更好的自己。从生活到职场，从美容护肤、运动健康到育儿、家庭教育、婚姻等各个维度，为中国女性提供全方位的知识支持，让生活更有趣，让育儿更轻松，让家庭生活更美好。